奶爸当家

——超级奶爸速成手册

主 编◎赵向荣 李 奇

世界图书出版公司
广州·上海·西安·北京

图书在版编目(CIP)数据

奶爸当家:超级奶爸速成手册/赵向荣,李奇主编.
—广州:世界图书出版广东有限公司,2025.1重印
ISBN 978-7-5192-4152-0

Ⅰ.①奶… Ⅱ.①赵…②李… Ⅲ.①婴幼儿—哺育—基本知识 Ⅳ.① TS976.31

中国版本图书馆 CIP 数据核字 (2017) 第 322473 号

书　　名:	奶爸当家——超级奶爸速成手册
	NAIBA DANGJIA——CHAOJI NAIBA SUCHENG SHOUCE
主　　编:	赵向荣　李　奇
策划编辑:	李　平
责任编辑:	曾跃香
装帧设计:	谷风工作室
出版发行:	世界图书出版广东有限公司
地　　址:	广州市新港西路大江冲 25 号
邮　　编:	510300
电　　话:	020-84460408
网　　址:	http://www.gdst.com.cn
邮　　箱:	wpc_gdst@163.com
经　　销:	新华书店
印　　刷:	悦读天下(山东)印务有限公司
开　　本:	710 mm × 1000 mm　1/16
印　　张:	13
字　　数:	160 千
版　　次:	2017 年 12 月第 1 版　2025 年 1 月第 2 次印刷
国际书号:	978-7-5192-4152-0
定　　价:	58.00 元

版权所有　翻印必究
(如有印装错误,请与出版社联系)

本书编写人员

主 审

高喜容

主 编

赵向荣　李　奇

副主编

刘筱英

编 委

（以姓氏笔画为序）

王良英　刘琼洁　刘筱英　朱　为　陈　敏
王　洁　龙莹纯　伍　媚　刘　佳　刘　娇
吕　波　阳　惠　李韬韬　肖艾青　易青梅
柳　娜　段秀丽　贺芬萍　熊月娥

前 言

妻子辛苦怀胎10月,是该让这位大功臣好好休息了。然而,初为人父满心欢喜的你,第一次面对你的孩子——那个幼小的生命时,会不会手足无措?你是不是不知怎样和宝宝相处,不知如何换尿片、喂奶、洗澡和换衣服,甚至连抱一抱都不敢?

都说初为人母最辛苦,可初为人父也要讲学问。父母都要和孩子一起学习与成长,尤其是父亲。据美国耶鲁大学科学家持续15年跟踪调查研究成果表明,由父亲带大的孩子智商更高,他们在学校的成绩往往更好。父亲的角色参与,会让孩子更有同情心、更健康,也更容易成功,甚至连做功课思想集中、不容易与老师产生矛盾等,都与父亲密切相关。

陪伴是最长情的告白。陪伴孩子度过每个成长的历程,经历所有的悲喜,这不仅是妈妈的责任,更是爸爸的义务。现代社会,越来越多的爸爸都积极地参与到养育宝宝的队伍中来,不论妈妈是否有工作,照料宝宝应成为父母双方共同的责任。

然而,当爸爸容易,当一个好奶爸可不是件容易的事。要成为"超级奶爸",更不能一蹴而就,期间需要不断地学习和积累。应"超级奶爸公益训练营"诸多奶爸的强烈要求,湖南省儿童医院的专家们合力编写了《奶爸当家——超级奶爸速成手册》一书,重点阐述1岁以内宝宝的医、食、住、行四方面知识,力求明晰易懂,让奶爸们能在短期内了解育儿精髓,解除育儿过程中遇到的困惑和疑难，快速成长为一名"超级奶爸"。

总之，对于 80 后、90 后新晋奶爸来说，读同龄人编写的育儿书籍，更能产生共鸣。我们相信这本书的编辑出版，将会受到愿意陪伴孩子长大的年轻家长们的积极关注和热情支持。也希望它能带给奶爸们足够的信心，享受科学育儿的幸福过程。

由于编写时间仓促，水平有限，书中可能存在纰漏，诚望各位读者不吝赐教。

编者

2017 年 8 月

超级奶爸宣言

作者：李奇

从今天起

我决心按照奶爸守则照看孩子

一日为奶爸，终生是奶爸

无论何时何地

拥护老婆的领导

回家多抱崽

睡前帮洗澡

晚上勤起夜

周末常陪伴

不管前面是尿片阵还是便便堆

我都义无反顾、冲锋在前

尽管也曾有过那么多的手忙脚乱

那么多的窘迫与不堪

但未来，无论青春年老

无论健康或疾病

无论快乐或忧愁

我都和你风雨同舟

这是我一个奶爸的誓言

给最好的教育

做最好的榜样

在爱的生命里,不离不弃,直至终老

谢谢你让我走进你的生命,成为你的超级奶爸

也许我不是这个世界上最富有的男人

但我一定是这个世界上最爱你的男人

不信,你看!

目 录

 第一部分：医
健康才是给孩子最好的成长礼物

宝宝初生时的模样 / 03

初生宝宝排胎便 / 04

宝宝出生 10 天内体重会下降 / 05

新生宝宝探索世界的 5 大"武器" / 06

宝宝的四种反射 / 07

小肚脐大学问 / 09

皮肤娇嫩巧护理 / 10

小心尿布疹来袭 / 12

巧妙护理尿布疹 / 13

四招有效预防尿布疹 / 14

眼部护理三部曲 / 15

外用眼药的应用 / 15

给宝宝做好口腔护理 / 16

如何保养宝宝的鼻子 / 17

鼻出血的应急处理 / 17

耳部的日常护理 / 18

修剪指甲七要点 / 19

抚触缓解肠痉挛 / 20

观察便便知健康 / 21

异常大便及处理方法 / 22
宝宝生长发育的里程碑 / 23
好习惯可早养成 / 25
1 岁以下婴儿的窒息急救 / 26
1 岁以下婴儿的胸外按压 / 28
1 岁以下婴儿的人工呼吸 / 29
宝宝常见的意外伤害 / 30
烫伤处理五字诀 / 31
预防宝宝烫伤 / 32
警惕婴儿捂热综合征 / 33
捂热综合征应迅速降温 / 33
捂热综合征可有效预防 / 34
新生儿及婴儿常见症状处理 / 35
家中常备急救箱 / 38
配备家中急救箱的注意事项 / 38
家庭急救箱必备品：体温计 / 39
体温计的选择 / 40
水银体温计碎了怎么办 / 40
给宝宝喂药的两大妙招 / 41
宝宝出现哪些状况该去医院 / 42
什么情况下该带宝宝看急诊 / 43
如何正确带宝宝看病 / 44
住院时如何配合治疗 / 45
常规体检有必要 / 47
宝宝用药有禁忌 / 48
如何照顾生病的宝宝 / 48
宝宝喝水有讲究 / 50

接种疫苗按程序 / 52
预防接种四注意 / 52
宝宝过敏可预防 / 53
宝宝湿疹早识别 / 54
为宝宝湿疹挡驾 / 54
宝宝湿疹巧护理 / 55

第二部分：食
科学喂养，打好宝宝一生的基础

宝宝的营养需求 / 59
宝宝吃母乳四大优点 / 60
妈妈喂母乳三大利好 / 61
母乳喂养奶爸也受益 / 62
哺乳前奶爸该做两件事 / 62
妈妈哺乳常用姿势 / 62
坚持按需哺乳原则 / 63
喂完奶后学会拍嗝 / 64
奶爸可以协助挤奶 / 64
多余母乳挤出来储存 / 65
冷藏母乳注意有效期 / 66
储奶袋解冻有讲究 / 67
走出母乳喂养误区 / 67
宝宝衔不住乳头怎么办 / 68
宝宝咬破乳头怎么办 / 69
哺乳期患上乳腺炎怎么办 / 69

母乳喂养奶爸应知应会 / 70

母乳性黄疸是否要停止母乳喂养 / 70

夜间哺乳的方法 / 71

夜间哺乳注意事项 / 72

人工喂养面面观 / 72

奶瓶选择攻略 / 73

奶嘴选择看细节 / 74

奶瓶的清洗及消毒 / 75

人工喂养选配方奶粉 / 76

如何选择配方奶粉 / 76

选择配方奶粉六要点 / 78

配方奶粉的储存 / 80

奶粉配制六步曲 / 81

宝宝也会对牛奶过敏 / 82

如何判断是否牛奶过敏 / 83

牛奶过敏如何应对 / 83

何谓牛奶不耐受 / 84

宝宝牛奶不耐受怎么办 / 84

人工喂养的频次和奶量 / 85

人工喂养的程序 / 86

分辨宝宝饱饿情绪表现 / 86

吃配方奶的宝宝需科学补水 / 87

谨防过度喂养 / 87

如何判断宝宝是否吃饱 / 88

制止打嗝小妙招 / 88

减少吐奶七守则 / 89

宝宝的溢乳与呕吐 / 90

宝宝口臭莫忽视 / 90

宝宝便秘莫惊慌 / 91

人工喂养的注意事项 / 92

辅食添加的理想年龄 / 92

添加辅食的六项指标 / 93

辅食添加的原则 / 94

辅食安全讲究多 / 97

添加辅食四忌 / 98

周岁内宝宝辅食清单 / 99

常见辅食的制作 / 99

培养良好的饮食习惯 / 101

宝宝1岁时可断奶 / 102

给宝宝断奶的注意事项 / 103

正确回乳减轻奶妈痛苦 / 105

宝宝适当生病可提高抵抗力 / 106

第三部分：住
为宝宝创造舒适的成长环境

宝宝卧室巧布置 / 109

居室空气清新 / 110

宝宝与父母同居一室 / 111

创建宝宝娱乐室 / 111

给宝宝一个舒适安全的小床 / 112

添置婴儿床玩具 / 113

宝宝的床上用品以纯棉为好 / 114

宝宝床单讲究多 / 114

宝宝的枕头不宜过高 / 114

购买衣服六注意 / 115

给宝宝穿衣服有讲究 / 116

宝宝的新衣服宜先洗后穿 / 117

宝宝的衣服与成人衣服宜分开洗 / 117

宝宝的衣服要用洗衣液洗 / 117

清洗污垢要在第一时间 / 118

清洗宝宝衣服慎用漂白剂 / 118

巧做棉质小尿布 / 118

棉质尿布要勤换勤洗 / 119

如何选择一次性纸尿裤 / 119

奶爸照顾宝宝第一步：学会换尿布 / 120

洗澡四步法 / 122

宝宝的正确抱法 / 124

最温暖的小窝：襁褓 / 125

搞定"夜醒"宝宝有妙招 / 127

解决宝宝的"早醒"难题 / 128

促进宝宝睡眠的技巧 / 129

宝贝，别哭 / 131

听哭声辩原因 / 133

如何安抚爱哭的宝宝（0～6个月）/ 134

如何安抚爱哭的宝宝（6～12个月）/ 136

切忌对宝宝的哭闹置之不理 / 137

选购玩具安全第一 / 138

购买适龄益智玩具 / 138

玩具买回家，奶爸先检查 / 140

让宝宝看摆动的玩具 / 140

让宝宝在游戏中成长 / 141

奶爸要学会与宝宝交往 / 141

多与宝宝肌肤相亲 / 142

多和宝宝说话、唱歌 / 142

听声转头 / 143

转动眼睛促进视觉发育 / 143

看手、玩手、吃手 / 144

浴池中的游戏 / 145

家居风险排查 / 145

第四部分：行
安全出行益智健身

外出时给宝宝带什么 / 149

学会使用婴儿背带 / 150

不同月龄使用不同的背带 / 150

如何购买和使用婴儿背带 / 151

遛娃神器：婴儿手推车 / 152

宝宝外出可乘坐的交通工具 / 154

宝宝也会晕车 / 157

如何预防宝宝晕车 / 157

乘飞机旅行的用物 / 158

飞机旅行前的准备 / 159

购物把握六要点 / 160

宝宝外出吃饭贴心攻略 / 161

外出时如何换尿布 / 162

宝宝外出要防晒 / 162

空气浴有利宝宝健康 / 163

宝宝日光浴好处多 / 164

抚触，让宝宝快乐成长 / 165

有益宝宝的体操 / 168

新生宝宝健身"四大法宝" / 169

"抱、逗、按、捏"四注意 / 170

逗引宝宝多抬头 / 170

爬行益智健身 / 171

新生宝宝游泳益处多 / 172

游泳分三步 / 172

识隐患安全游 / 173

走出婴儿游泳的误区 / 175

宝宝在家游泳奶爸须知 / 175

哭声响亮的宝宝身体壮 / 176

宝宝健身锻炼四注意 / 177

参考文献 / 191

第一部分：医

健康才是给孩子最好的成长礼物

宝宝离开妈妈安全的子宫来到人间，即脱离了母体单独置身到一个新环境，一切需要靠自己去适应。由于宝宝的生理功能还没有发育完善，很容易出现各种疾病，因此需要奶爸掌握宝宝的生理特点、常见疾病的预防与护理技巧，以便及时发现问题，并能采取有效的应对措施。

健康才是给孩子最好的成长礼物

宝宝初生时的模样

宝宝呱呱落地，奶爸迫不及待地将宝宝拥入怀中，上下打量着宝宝长得像爸爸还是像妈妈，很多奶爸会惊奇地发现，自己的宝宝远没有电视、画册上的宝宝可爱、漂亮。其实，奶爸们需要的知道的是，你们看到的宝宝照片都是出生后有些时日的宝宝，而每个宝宝初生时的模样大致是这样的：

从外表看，宝宝的头比较大，头发多少不一，躯干长，四肢相对短小，多数呈外展和屈曲姿势，这种姿势是宝宝在子宫里姿势的延续。宝宝四肢活动好，而且左右两侧是对称的。

如果是自然分娩的话，宝宝的头形会因产道的挤压而显得更长。这是正常现象，不久后宝宝的脑袋就会圆起来。个别宝宝的头部有皮下水肿形成一个"产瘤"，一般在出生后2～3天会自然消失。

宝宝的皮肤有皱褶，颜色发红，这些也都属于正常情况。

宝宝的头盖骨还没有发育好，在其头顶部前中央的地方，有一处菱形间隙，医学上称为"囟门"。囟门使骨头有一定的活动余地，分娩时囟门会缩小，有利于胎头娩出。此外，囟门也能够给宝宝的大脑发育留下余地。随着宝宝的成长，头盖骨会逐渐闭合，囟门也将随之消失。

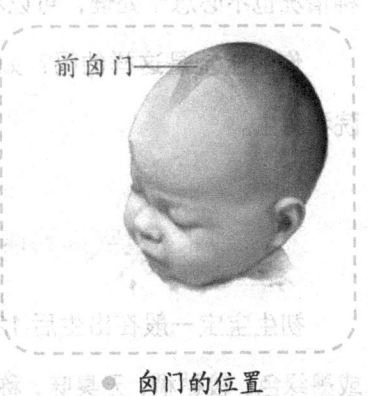
● 囟门的位置

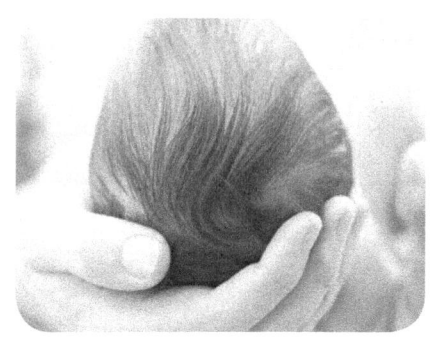

● 宝宝头发的颜色可能会逐渐改变

有时候,宝宝的眼皮、鼻梁或脖子上会出现暗红色的斑点。目前,人们还不知道出现这种现象的原因。不过不用担心,通常不到一年,它们就会自行消失。

有的宝宝出生时是光头,有的头发稀疏,有的则又黑又密。许多宝宝的第一茬头发会自然脱落,另有一些宝宝头发的颜色会逐渐改变,如由浅变深或由黄变黑。宝宝眼睛的颜色也会发生变化。一般到了接近1周岁的时候,眼睛的颜色才会固定下来。

宝宝出生后,脐带便完成了历史使命。从出生时剪断脐带到脐带从根部脱落,需要5～10天的时间。脐带脱落的地方就成了肚脐眼。

宝宝的肚子显得膨隆,有点气鼓,这是因为腹肌还没有力的关系。

有时,刚出生几天的宝宝乳房会发生肿胀,甚至会分泌乳汁,而有些女婴的阴道会有少量的血液,俗称"假月经"。奶爸不必惊慌。因为这些状况是母体分泌的雌性激素造成的,对宝宝的身体无害,会很快消失。

男婴的阴囊内已有两个睾丸,一般大小一样,有时睾丸可暂时停留在阴囊上面。有的宝宝阴囊里的睾丸一大一小,大的那个可能为鞘膜积液,遇到这种情况也不必急于处理,可以观察1～2个月再做决定。

你的宝宝是这样的吗?如有不同,可向专科医生咨询或带宝宝上儿童医院看医生。

初生宝宝排胎便

初生宝宝一般在出生后12小时内排出第一次大便,这个时候的便便呈深或墨绿色,较黏稠,无臭味,称之为胎便。胎便是由胎儿脱落的肠道上皮细胞、胆汁、浓缩的消化液及吞入的羊水组成,总量为100～200克,一般在2～4天后转为正常新生宝宝大便,即由深或墨绿色转为黄色。如果宝宝出生后24小时没有胎便排出,或7天内胎便没有排完,应及时到医院检查有无消化道畸形等疾病。

宝宝出生 10 天内体重会下降

一般男宝宝出生时的体重为2.9～3.8千克,身长为48.2～52.8厘米;女宝宝出生时的体重为2.7～3.6千克,身长为47.7～52.0厘米。体重少于2.5千克的为低出生体重儿,体重大于4千克者为超重儿或巨大儿。

奶爸可能会觉得奇怪,宝宝在出生后的2～4天内,体重非但没有增加,反而有所下降,这种现象在医学上称为"生理性体重下降"。你们不用担心,很多宝宝会出现这一情况,这是因为宝宝排出了体内的胎粪,身体内的水分也有所损失,以至于体重有所减轻。

只要宝宝吃得好、睡得好、排便好,很快就会恢复到出生时的体重,接下来你会发现宝宝一天一个样,越长越可爱。

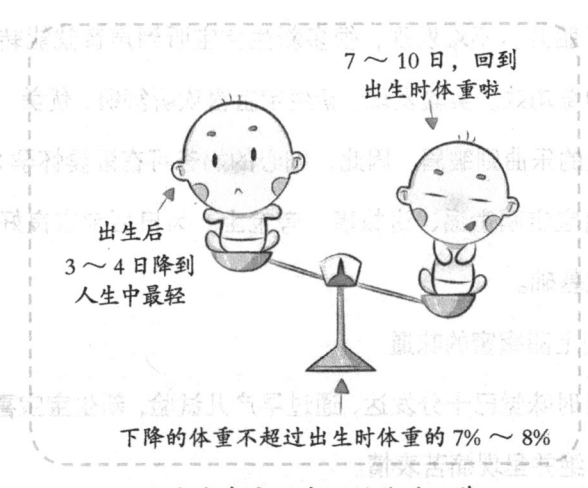

● 宝宝会出现生理性体重下降

新生宝宝探索世界的5大"武器"

宝宝刚出生,为了生存的需要,具有本能的防御反射和吸吮反射。有人认为新生宝宝只是一条"消化道",每天吃奶、便、睡、哭,其他一概不知,其实新生宝宝具有惊人的行为能力。

● 宝宝7个月时视觉开始发育

1. 视觉:明亮的"眼睛"看世界

研究发现胎儿7个月时视觉开始发育,生后感觉到光后会追寻光源,再过几天他会带着自己的喜恶看周围的世界。就颜色讲,新生宝宝喜欢看醒目鲜艳的红色;看人呢,喜欢温和、漂亮的面孔,妈妈那和蔼的、充满无限爱意的面孔是小宝宝最喜欢的。

2. 听觉:聪明的"耳朵"听音乐

研究表明,胎儿5个月时反复听到妈妈的声音会产生安全感,母孕期对胎儿反复放同一段优美的乐曲,宝宝出生后会对这个曲子产生明显的欢悦表现,这说明听觉始于胎儿。不难发现,很多新生宝宝听到声音就能转头追逐声响,这就是胎教的神奇功效。实验发现,新生宝宝喜欢听舒缓、优美、清脆的音乐,听到强烈、快速的乐曲则皱眉。因此,细心的奶爸可在爱妻怀孕3个月起就贴近腹部深情地给宝宝唱童谣、讲故事、夸宝宝。为日后宝宝良好性格、品德、智慧的形成奠定基础。

3. 味觉:爱上甜蜜蜜的味道

胎儿8个月时味觉已十分发达,通过早产儿试验,新生宝宝喜甜味,对酸、辣、苦味表示拒绝并呈现痛苦表情。

4. 嗅觉：妈妈的味道一闻就知道

胎儿6个月时就能嗅到妈妈的气味并保持在记忆中，出生后闻到妈妈的气味，会感到欢愉。并且他喜欢妈妈乳汁特殊的香味，对刺激性强的气味表示出痛苦。

5. 触觉：妈妈的怀抱是宝宝安定的港湾

小宝宝柔软的身躯紧贴妈妈的胸脯，这种母婴的身体接触是一种强烈的安慰。宝宝趴在妈妈的身上，会眯着一双小眼

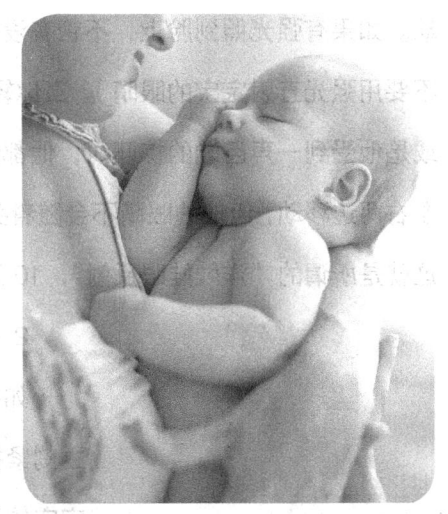
妈妈的怀抱是宝宝安定的港湾

睛，双手抓着妈妈的乳房，这时，妈妈将乳头送进宝宝的小嘴中，小嘴竟有力地吸吮起来，此时妈妈看着自己可爱的小宝宝，一股幸福的暖流化作涓涓乳汁流入宝宝的口中。不一会，宝宝便会在妈妈的怀中安详地睡着了。

宝宝出生后即拥入妈妈的怀抱，妈妈用躯体温暖着宝宝，随时观察宝宝的一举一动，可以随时哺乳。人间伟大的母爱就在这里启程，神圣的母乳喂养也是从这里开始的。

妈妈的怀抱是宝宝安定的港湾，妈妈的抚爱、眼神、语言，甚至心跳的声音都是宝宝初来人间最好的精神安慰剂。奶爸一定要给奶妈创造好心情哦！

宝宝的四种反射

从宝宝出生的那一刻开始，健康的宝宝都会对刺激产生不同的反射动作。这些动作在初期完全是无意识的，但大约3个月以后会逐渐被有意识的行为所取代。

1. 眼部反射

宝宝的眼睛会随着周围发生的事情而闭眼、眨眼，或是从一边到另一边转

动。如果有强光照到脸上，不管有没有张开眼睛，宝宝都会眨眨眼睛（但千万不要用强光直射宝宝的眼睛）。当你轻碰他的鼻梁，或对着他的眼睛轻轻吹气，或是他受到一声巨响的惊吓时，他都会眨眨眼。如果你抱起宝宝，他的头部会左右两边移动，但他的眼睛不会随着头部运动而移动，只会固定在同一个位置。这就是所谓的"洋娃娃眼反射"，10天之后这种情况会消失。

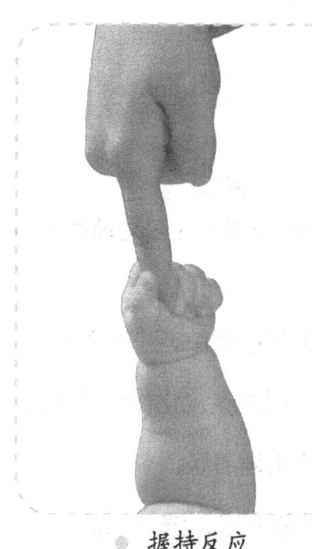

● 握持反应

2. 握持反射

如果你在宝宝的手掌里放上某样东西，他会立刻紧握住它。这种抓握的力量通常可以支撑起宝宝的整个身体（但千万不要如此尝试）。

3. 莫罗反射（又称惊跳反射）

莫罗反射是一种全身动作，在宝宝仰躺着的时候看得最清楚。突如其来的刺激，如枪声或其他较响声音的突然出现，或者把宝宝放进小床里等等，都会引起惊跳反射。出现惊跳反射时，宝宝的双臂伸直，手指张开，背部伸展或弯曲，头朝后仰，双腿挺直。这种反射通常会在3～5个月内消失。

4. 觅食反射

这是最原始的反射，它能帮助宝宝找到乳房并吮吸。当你轻碰他的脸蛋时，他会将头转向手指的一侧并本能地张开嘴巴吮吸。如果你触碰他上唇的中部，他的嘴巴也会微微张开。

小肚脐大学问

新生宝宝脐带的直径为1厘米左右,剪断后对新生宝宝来说是一个很大的伤口,如护理不当,将成为病原菌侵入机体的重要途径,引起新生儿破伤风、新生儿败血症等疾病,因此必须做好新生宝宝脐部的护理。

1. 脐带护理最重要的原则是干燥和通风,不宜用纱布覆盖或用尿布包住。

2. 奶爸在对宝宝进行脐带护理前一定要洗净双手。

3. 脐带护理每日2～3次,脐带弄湿(如洗澡)后一定要用棉签蘸满消毒酒精擦拭,方法为:先由上而下擦拭整条脐带,再深入肚脐底部,最后消毒肚脐周围,也可涂上碘酒。

4. 脐带脱落后,仍要继续护理2～3天,直到肚脐眼完全收口、干燥为止。

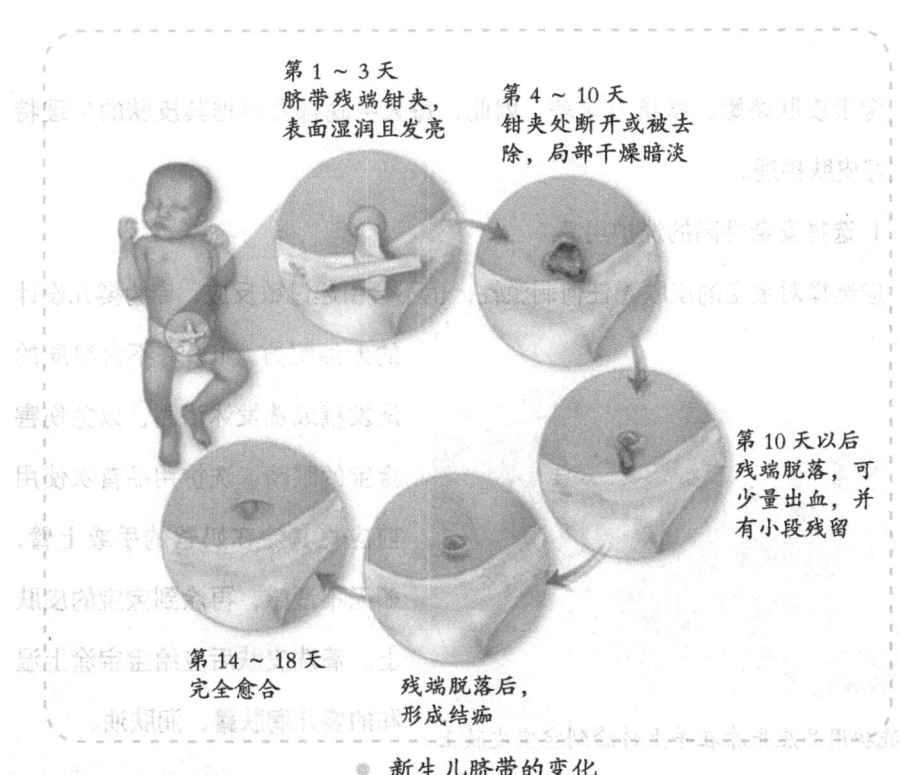

● 新生儿脐带的变化

5.特殊情况下的护理

脐带出血用碘酒消毒出血部位，脐窝里有分泌物，每天洗澡之后用棉签沾上75%酒精，一只手提起脐带的结扎线，另一只手用酒精棉签仔细分离脐窝和脐带根部的粘连部分，周边都分离开后，换新的酒精棉签从脐窝中心向外转圈擦拭，擦拭干净后再把提过的结扎线涂上酒精。

9～10天后脐带未脱落，或脐带脱落后渗血不止者，最好去医院就诊。

出现上述两种情况后，通常宝宝的肚脐眼中央会长小肉芽，必须上医院将其处理掉，肚脐眼才会收口。

6.脐带脱落后，宝宝肚脐应定期以棉签蘸清水或宝宝油轻轻清理，以保持干净。

皮肤娇嫩巧护理

宝宝皮肤娇嫩、抵抗力较差，因此，每天早晚都要根据其皮肤的生理特点做好皮肤护理。

1.选择安全性高的洗护用品

应选择对宝宝的皮肤无任何刺激性，也不会引起过敏反应，专为婴儿设计的无泪配方，100%不含皂质的洗发精或洗发沐浴露，以免伤害宝宝的眼睛。洗护用品首次使用前应将其涂在奶爸的手或上臂，如无不适感，再涂到宝宝的皮肤上。清洗皮肤后应给宝宝涂上温和的婴儿润肤露、润肤油。

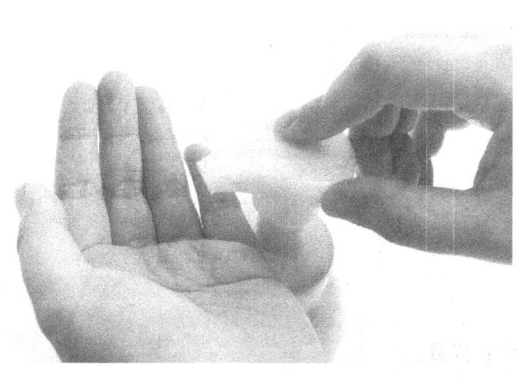

● 洗护用品应先涂在手上再涂到宝宝皮肤上

2. 避免损伤

在护理宝宝时，奶爸的动作应轻柔，指甲要剪得短而光滑，以免接触宝宝皮肤时发生意外损伤。所有接触宝宝的衣着、被褥、尿布等，都应柔软舒适，特别是为宝宝清洗时，不要用毛巾直接用力揉搓宝宝皮肤，洗后用干毛巾印干皮肤，防止由于摩擦引起皮肤破损。此外，在为宝宝保暖时，不能将热水袋直接贴于宝宝皮肤上。洗澡时要注意水温，避免烫伤。

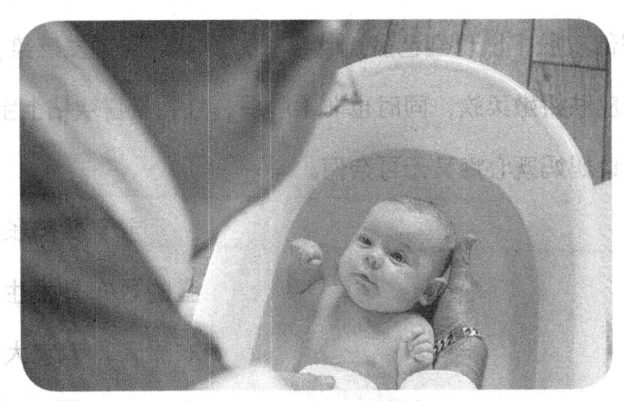
● 护理宝宝洗澡时动作应轻柔

3. 保持衣服和用具的清洁

晾晒衣服的环境应清洁、通风、有阳光照射，床上用品也需定期晾晒，有宝宝专用的毛巾、浴巾、浴盆等，用后需洗净放到阳光下晒干。装衣服的容器内不要放置樟脑丸，冬季要将衣物定期拿到阳光下暴晒，以免真菌生长。

4. 保持皮肤清洁干燥

最好每日给宝宝洗澡，尤其注意清洗皮肤皱褶处，如耳后、颈下、腋下、大腿根、手心、指（趾）缝间等。大便后要洗净臀部，保持局部的清洁和干燥，不要包裹太多，尤其是夏季，气温高、湿度大，汗液不能及时蒸发，容易长痱子或出现皮肤的糜烂。尿布要及时更换，防止尿便长时间接触皮肤而引起尿布疹。

5.查看皮肤情况

给宝宝洗澡和换尿布时,要注意查看全身的皮肤,及时发现皮疹、损伤或其他异常情况。

小心尿布疹来袭

尿布疹俗称红臀、红屁股,是发生在尿布覆盖区的一种常见的婴儿皮肤病,主要表现为臀部皮肤上出现红色斑点状疹子,严重时可继发感染,出现渗出、溃烂。宝宝的皮肤娇嫩柔软,同时也非常脆弱,红臀最喜欢粘上宝宝,使得宝宝难受哭闹,让妈妈既心疼又无可奈何。

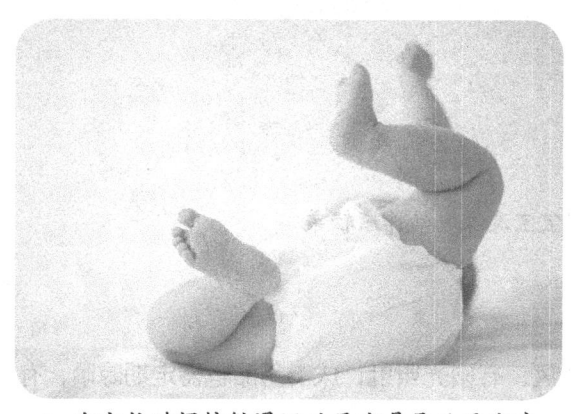

● 宝宝长时间接触浸湿的尿布易导致尿布疹

宝宝臀部长时间接触浸湿的尿布是发生尿布疹的根本原因,宝宝大小便不能自理,大小便后皮肤被浸渍,臀部经常浸泡在尿液或粪便中,尤其是冬季,奶爸奶妈担心宝宝伤风感冒,不给宝宝勤换尿布。尿液、粪便内含尿酸盐、吲哚等多种刺激性物质,这些物质积蓄在尿布里持续刺激宝宝的皮肤而诱发尿布疹。另外,小宝宝皮肤细嫩,角质层很薄,血管较丰富,容易受到损伤,因此尿布疹喜欢光顾小宝宝,加上宝宝免疫力较低,容易继发细菌或真菌感染,使得尿布疹常常经久不愈。中医理论认为,尿布疹为湿热郁滞肌肤所致,新生宝宝为"纯阳之体",肌肤娇嫩,其体阳热较盛,正气不足,易为湿邪所侵而致本病。

> **专家提醒**
>
> 两类宝宝易患尿布疹：（1）腹泻次数多而让尿片长时间处于潮湿环境中的宝宝；（2）长期应用抗生素的宝宝，或母乳喂养宝宝的母亲长期服用抗生素，导致局部菌群失调，容易滋生真菌。

 巧妙护理尿布疹

当宝宝的屁股开始出现泛红的症状时，最好的方式就是偶尔脱掉尿布让屁股出来透透气，并且比平常更勤换尿布，尽量让小屁屁保持干燥。如果臀部皮肤发红、潮湿，可适当地将皮肤暴露于空气中，可以用扇子，也可以将吹风机开到常温那一档，吹吹小屁股。

宝宝每次大便后都要清洗，清洗后用软布轻轻印干，切不可来回擦拭，以免损伤发生了尿布疹部位的皮肤。

若上述方法无效，可将含氧化锌的护臀膏薄薄地涂抹于发红皮肤处，氧化锌有收敛作用，能滋润和保护皮肤。切不可用爽身粉，特别是地塞米松软膏。

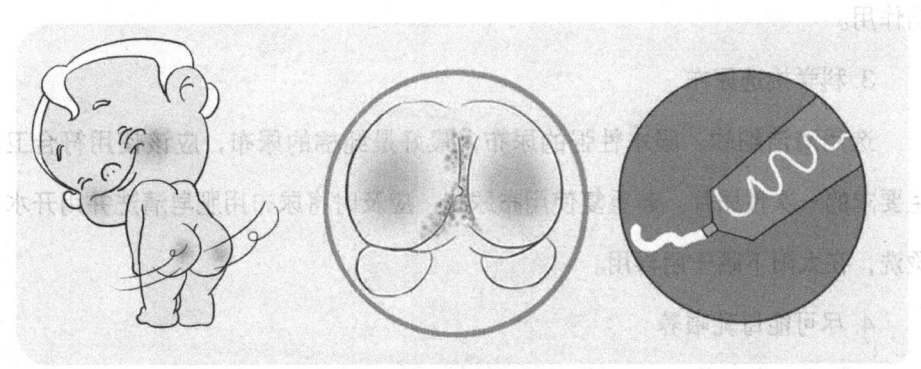

● 尿布疹的护理

专家提醒

3种情况的尿布疹需要看医生：

1. 精心护理后尿布疹持续几天仍然没有好转的迹象。

2. 皮肤上出现水泡，发红皮肤边缘出现突出皮面的红疹。

3. 宝宝出现发烧，哭闹不安难以安抚。

四招有效预防尿布疹

保持皮肤干爽清洁是预防宝宝尿布疹的关键。具体措施包括以下几个方面：

1. 保持臀部皮肤的通风干燥

冬天天气寒冷时，在室内适当地把宝宝的小屁股暴露在外面透透气。天气暖和有阳光时，应该让宝宝的屁股多晒晒太阳，能够有效防止尿布疹的发生。

2. 尽可能在尿湿后立刻更换尿布

每次大小便后，应用温水洗净屁股，擦干后涂上5%鞣酸软膏，可以起预防作用。

3. 科学挑选尿布

选用清洁细软、吸水性强的尿布，最好是纯棉的尿布，应该使用符合卫生要求的一次性尿片。若重复使用布尿片，应及时将尿布用肥皂清洗并用开水烫洗，在太阳下晒干后再用。

4. 尽可能母乳喂养

母乳喂养是减少尿布疹最有效的方法之一。母乳喂养的宝宝大便中的吲哚、氨排放量少，对宝宝的皮肤刺激小。

 **宝宝眼部护理三部曲**

眼部护理分为眼部保健、眼部护理、眼部炎症护理3个环节。

1. 眼部保健

宝宝的眼睛对强光很敏感,照相、摄像时要避免使用闪光灯。带宝宝晒太阳时,要注意遮住宝宝的眼睛,避免强烈的阳光直射而刺伤宝宝的眼睛。早期训练宝宝视觉能力时,要注意:悬吊响铃玩具的高度应离头部20厘米左右。

● 给宝宝拍照要避免使用闪光灯

2. 眼部护理

要用专用的清洁毛巾和流动的水给宝宝洗脸和清洁眼部,每天2～3次,奶爸不要用手直接触摸宝宝的眼睛,以免病原菌侵入眼睛。如果眼部有分泌物,可以用消毒棉球沾水清洁眼部。

3. 眼部炎症护理

如果宝宝眼部出现很多脓性分泌物并伴有眼睑红肿,结膜充血,首先应该到医院就诊,待做出正确的诊断后,遵医嘱予以相应的眼药水滴眼和眼药膏涂眼。

 外用眼药的应用

1. 滴眼药水

先洗净双手,然后用清洁棉球沾水擦拭掉宝宝眼部分泌物,在两侧眼内眦处各滴1滴眼药水,轻轻将上眼睑向外拉松,以助药液在眼内分布均匀,最后用消毒药棉或干净手帕揩干溢出的药水。应避免接触到宝宝的眼睑和角膜，以免刺伤眼睛。

2. 涂眼药膏

轻轻扒开宝宝的下眼睑，将药膏挤入少许，合起上下眼睑，再用手轻轻按揉数秒钟，以助眼膏在眼内扩散。眼膏一般均在睡前涂。

给宝宝做好口腔护理

新生宝宝口腔黏膜血管丰富，唾液分泌较少，黏膜较细嫩干燥，容易引起口腔炎症，影响宝宝进食。因此，新生宝宝的口腔护理非常重要，主要包括日常口腔护理和口腔炎症护理两个部分。

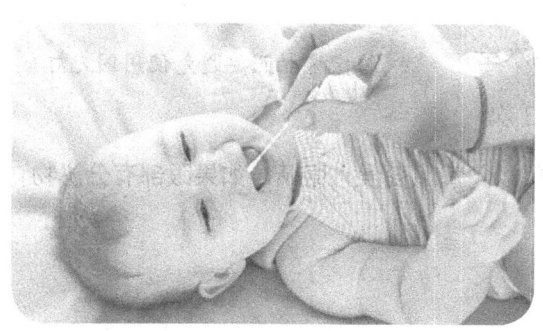

● 用无菌棉签蘸温开水为宝宝清洁口腔

1. 日常口腔护理

每天早晚用无菌棉签蘸温开水为宝宝清洁口腔。清洁口腔时，应避免擦伤黏膜，造成感染。另外，每次奶后应喂服少量温开水以清洁口腔。

2. 口腔炎症护理

鹅口疮是由白色念珠菌所致的口腔黏膜炎症，在新生儿期较常见。通常在口腔黏膜上可见白色凝乳状物，擦拭不去。护理上主要是用2%苏打水清洁口腔，每天3次；或者将制霉菌素片碾碎后用温开水调成稀糊状涂于新生儿口腔黏膜处，每天2~3次。

如何保养宝宝的鼻子

1. 宝宝鼻屎怎么取

在正常情况下,宝宝鼻孔会进行"自我清洁"。如果空气很干燥,鼻孔里可能结有鼻屎,造成宝宝不舒服,因为宝宝出生后最初几周还不会用嘴呼吸。这时,奶爸可以将一小块棉球蘸湿,轻轻放入宝宝的鼻孔,把鼻屎取出。注意取鼻屎工作应该在哺乳前进行。

2. 滴鼻剂的使用

先替宝宝揩净鼻腔内的分泌物。滴药时,让宝宝取仰卧位,将枕头垫于肩下;使头尽量后仰,鼻孔向天。奶爸一只手的拇指推起宝宝鼻尖,另一只手持滴管,在距鼻孔1～2厘米处,沿着鼻腔壁滴药液3～4滴,

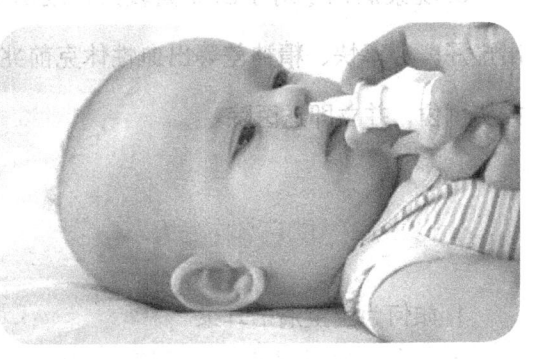
● 滴鼻时滴管不要碰到宝宝鼻部

然后用手轻捏鼻翼,使药液散布在鼻腔的黏膜上,尽量避免让药液通过咽喉流入食道。让宝宝静卧3～5分钟后再坐起,利于药液与鼻黏膜充分接触。滴药时,注意滴管不要碰到鼻部,以免污染药液及损伤鼻黏膜。

鼻出血的应急处理

奶爸一旦发现宝宝鼻子出血,应尽快带宝宝上医院检查,除此之外,还应注意以下几点:

1. 冷静:奶爸不要恐慌,应安抚宝宝的紧张情绪,如果宝宝痉咳、剧烈呕吐或用力哭叫,会加剧毛细血管破裂出血。

2. 直立或端坐体位：不要让宝宝躺下，也不要让宝宝抬起头，应采取直立或者端坐体位，以免发生误吸，引起窒息。

3. 帮助宝宝吐出血液：将宝宝头低垂，已便流入口中的血液尽量吐出，以免咽下血液刺激胃部引起呕吐，特别是出血量大时，还有发生误吸的可能。

4. 压迫止血：用食指和拇指将鼻前部捏紧压迫鼻中隔前下部10～20分钟，其间不能松手，以达到压迫止血的目的。同时可以用冷水毛巾冷敷前额和后颈部，使血管收缩减缓出血。

5. 观察病情：对于出血量较大，或出血不止的宝宝，或出现面色苍白、出虚汗、心率快、精神差等出血性休克前兆症状的宝宝，应采取平卧头低位，或头侧位，并立即送医院。

耳部的日常护理

1. 如何为宝宝清洁耳朵

宝宝的耳道很小，洗澡时若不慎进水，应用棉花棒稍微拭干，或用纸巾捻成一小条，将宝宝的头转向一侧，对耳部进行清洁。清洁时只到耳孔为止，不宜深入，以免把耳垢推向深处而引起耳道堵塞。

奶爸要告诉家人或照护者不能为新生宝宝挖耳屎，以免造成损伤或感染。如有耳屎，可让新生宝宝侧卧，让其自然掉落。

2. 耳滴剂的应用

滴药前，将耳药充分

● 用棉花棒轻轻为宝宝拭干耳道

摇晃，用消毒棉签擦净耳内的分泌物。滴药时，可让宝宝取侧卧位，患耳向上，并接近光源。不合作的宝宝需要奶爸奶妈配合滴药，以防止宝宝扭动。奶爸用一只手将宝宝的耳廓轻轻向后下方牵拉，使外耳道变直，另一只手将药液滴2～3滴入耳道后壁，滴后将宝宝保持原位5分钟，必要时用棉球堵塞耳道口，以免药液外流。

修剪指甲七要点

宝宝的指甲过长，容易藏污纳垢，成为疾病的传染源，也容易抓伤自己和照顾他的人。宝宝指甲应及时修剪，修剪时应该把握以下几个方面：

1. 选择宝宝安静时修剪。可选择在喂奶过程中或宝宝熟睡时修剪，切不可选择宝宝烦躁时。

2. 选择合适的指甲剪。指甲剪应是钝头的、前部呈弧形的小剪刀或指甲剪。

3. 固定好宝宝的手指。帮宝宝剪指甲时，让宝宝背对着奶爸坐在其大腿上，剪指甲时一定要抓住宝宝的小手，避免宝宝因晃动手指而被剪刀弄伤。

4. 剪刀不可紧贴宝宝指甲尖处。修剪者用一手的拇指和食指握住宝宝的手指，另一手持剪刀从甲缘的一端

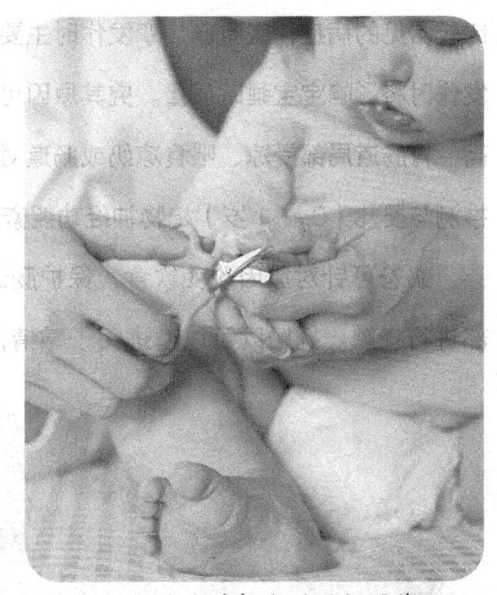
● 给宝宝选择合适的指甲剪

沿着指甲的自然弯曲轻轻地转动剪刀，将指甲剪下，切不可使剪刀紧贴到指甲尖处，以防剪到指甲下的嫩肉。

5. 修剪后检查。剪完指甲后要检查一下指甲缘处有无方角或尖刺，若有

应修剪成圆弧形。

6. 修剪指甲后给宝宝洗手。如果宝宝指甲下方有污垢,不可用锉刀尖或其他锐利的东西清除,应在剪完指甲后给宝宝洗手。

7. 误伤后的处理。如果不慎误伤了宝宝手指,应尽快用消毒纱布或棉球压迫伤口,直到流血停止为止,再用络合碘消毒,必要时上医院处理。

 抚触缓解肠痉挛

在儿科门诊,经常有家长诉说小宝宝不知道什么原因哭闹不止,难以安抚,去医院检查却未发现明显异常。这种情况医学上通常诊断为"肠痉挛"。

肠痉挛是由于肠壁平滑肌收缩而引起的阵发性腹痛,是小儿急性腹痛中比较常见的病症,宝宝肠痉挛发作时主要表现为持续、难以安抚的哭闹,严重发作时将影响宝宝睡眠质量。究其原因可能与宝宝肠道气体过多、肠道动力增高、胃肠道局部受凉、喂食凉奶或肠道对食物(牛奶)过敏等有关,也有学者推测与婴儿(0~1岁)植物神经功能紊乱有关。

奶爸可针对原因改变饮食,保护肠道,避免宝宝受凉,或在其腹部和背部进行抚触。抚触既可以增进父子感情,还可以通过有次序的、有技巧的触摸,让温和的刺激通过皮肤感受器传递到中枢,促进皮质激素和血清素分泌增加,使宝宝的神经系统稳定。另外对腹部进行按摩,温和、机械地刺激胃肠道,可促进胃肠道协调性蠕动,使排便次数增加,

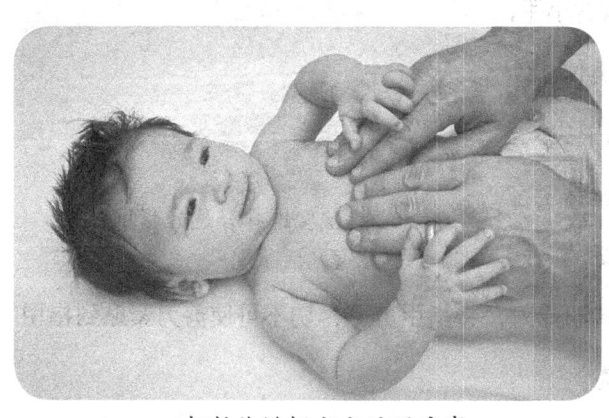

● 抚触能缓解宝宝的肠痉挛

使胃肠道内过多的气体得以排空，使强直收缩的胃肠平滑肌能够得到缓解和放松，从而能协调地收缩，达到预防和治疗婴儿肠痉挛的作用。抚触时间建议为每天2次，每次10～20分钟，在进食1小时后、清醒状态下以及肠痉挛时进行。

 观察便便知健康

1. 母乳喂养宝宝的大便特点

由于母奶中含有丰富的寡糖，能够充分地刺激肠胃蠕动，因此大部分宝宝不会有硬便的情形，也不会有明显臭味，呈金黄色，偶尔会微带绿色且比较稀；或呈软膏样，均匀一致，带有酸味且没有泡沫。

母乳喂养宝宝的大便次数很弹性，通常新生儿期次数较多，一天2～5次，甚至会发生一天排便7～8次的状况，奶爸不必担心，这叫做生理性腹泻，属于正常现象，当宝宝长到一定时期这种腹泻会自动消失。

随着宝宝月龄的增长，大便次数会逐渐减少，2～3个月的宝宝大便次数会减少到每天1～2次。因此，吃母乳的宝宝如果出现大便较稀、次数较多等情况，只要精神及吃奶情况良好，体重增加正常，没有排便困难、腹痛、胀气的情形，就都是正常的。

2. 人工喂养宝宝的大便特点

用配方奶喂养的宝宝大便较少，通常会干燥、粗糙一些，稍硬如硬膏，只要不难解，不似羊便，就没关系。如果消化没问题，通常会是土黄或金黄色，略带一些酸臭味，每天1～2次。

喝配方奶的宝宝有时大便会黄中带绿或青绿，这是因为配方奶铁质含量都很高，当宝宝对奶粉中的铁质吸收不完全时，多余的铁质就会使大便带绿色，这一情形是正常的。并不是老一辈人说的宝宝大便呈绿色，就是受到惊吓引起肠胃不适。

3. 宝宝吃辅食以后的大便特点

宝宝从 4 个月开始添加辅食，随着宝宝辅食数量和种类的增多，宝宝大便开始慢慢接近成人，变得颜色较暗。吃较多蔬菜、水果的宝宝，大便会较蓬松。如果是鱼、肉、奶、蛋类吃得较多的宝宝，因为蛋白质消化使然，大便就会比较臭。

异常大便及处理方法

1. 蛋花汤稀水样大便

大便呈蛋花汤样，水分增多，且排便次数和量增加。部分宝宝可见整个尿裤湿的地方呈粪样黄色，伴少许渣样大便，此为水样大便的水分被尿裤吸收后，少量便便留在尿裤上，易被误认为是正常大便和尿。多见于消化不良、频繁更换配方乳品种致肠道功能紊乱、肠炎、秋季腹泻等疾病。腹泻时水分和电解质会大量丢失，易引起宝宝脱水或电解质紊乱，应及时补充水分（如 ORS 盐水）或胃肠黏膜保护剂（蒙脱石）等。

2. 油性大便

粪便呈淡黄色，液状，量多，像油一样发亮，在尿布上或便盆中如油珠一样可以滑动。表示食物中脂肪过多，多见于人工喂养消化不良的宝宝，一般可口服益生菌，如超过 2 周无缓解，可以考虑暂时改低脂奶喂养。

3. 灰白色大便

主要见于先天性胆道梗阻或闭锁的宝宝，这类宝宝从出生起大便颜色就是灰白色或陶土色，小便呈深黄色，皮肤颜色暗黄。

4. 血便

大便通常呈红色、暗红色、咖啡色或黑色。鲜红色血便，大多表明血液来源于直肠或肛门，需要检查肛门有没有破损。暗红色或咖啡色血便同时伴有腹泻等，应警惕由于肠道感染、牛奶过敏等导致的胃肠道损伤。果酱色大便伴宝宝阵发性哭吵不安、腹胀常提示肠套叠可能。

添加辅食后，如果给宝宝服用过铁剂（如葡萄糖酸亚铁）或大量含铁的食物（如动物肝脏），也会引起假性便血。

专家提醒

1. 如出现少尿、精神差或者呕吐等症状，应及时带宝宝上医院就诊，不要自作主张服用抗生素，一旦杀死宝宝肠道的益生菌，破坏肠道内细菌的生长环境会使腹泻迁延不愈。

2. 低脂奶不能作为正常饮食，不能长期饮用，否则会造成宝宝营养不良。

3. 发现灰白色大便应立即到医院就诊，延误诊断和治疗会导致永久性肝脏损伤甚至生命危险。

宝宝生长发育的里程碑

宝宝的发育是一个循序渐进的过程，俗话说得好，新生儿期的宝宝一天一个样，1岁以内是一月一个样。1岁以内，我们称之为婴儿期，是人一生当中生长发育最快的时期，宝宝的身高、体重、智力发育都在这一时期得到飞速发展。总的来说，婴儿发育的原则是，由上到下，由粗到细，由近到远。了解宝宝这一时期的正常发育特点，可及时发现一些异常以便及时干预。

新生儿 从脐带结扎至28天的宝宝，我们称之为新生儿，这一阶段的宝宝主要完成从胎儿向新生儿的过渡，24小时内有20小时左右时间都是在睡眠中度过。这一时期的宝宝，保证充足的睡眠是关键，此时期对光有反应，应营造良好的睡眠环境。觉醒时可以适当活动,如和他面对面地谈话,感受面部表情变化。此时期的宝宝视觉未发育完善,可视距离为15～20厘米,因此可用活动的人脸或红色的物体锻炼宝宝的视觉感应。另外宝宝听觉比较良好,可播放一些柔和的轻音乐等刺激其视听感觉。

2～3个月　宝宝可稳稳地抬头及抬胸,眼睛可注视一个目标转换向另一个目标,可转头寻找说话声或玩具的响声,能被逗笑,并能笑出声音。

3～4个月　宝宝可俯卧抬胸,由肘支撑至手支撑,可翻身,可用手抓玩具,可自己扶住奶瓶。

4～5个月　宝宝坐位时头能自由转动,这一时期为味觉发育的关键期,可逐步添加辅食,使其适应不同的味道。乳牙开始萌出。

5～6个月　宝宝可翻身,看自己的手,能用手抓物品放入口中,能注视物体,并认识自己的母亲,扶站时可上下跳动。

6～7个月　宝宝可独坐,头可随上下移动的物体垂直方向转动,可两手抓物品进行换手,并出现捏、敲等探索性动作。能区别父母的声音,呼唤宝宝的名字有应答。

8～11个月　宝宝可坐稳,并能左右转身,可看到小物体,能用上肢在地上爬行,眼和头可转向声源,寻找声音的来源,可用手指取物并能有意识放掉,喜欢撕纸。

11～12个月　宝宝可以独站片刻并扶走,能手脚并用向前爬行,可对图片感兴趣,可听懂自己的名字。

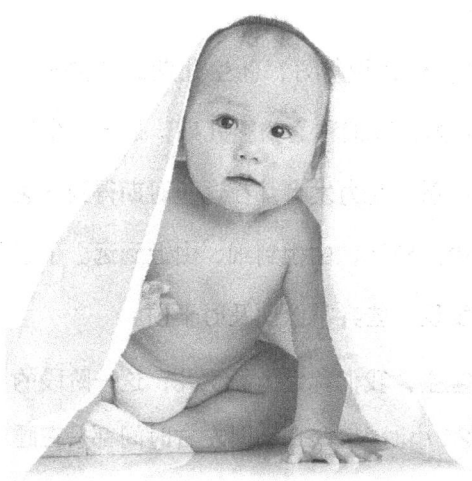

● 宝宝8～11个月可独自坐稳

好习惯可早养成

宝宝2到3个月大时，应停止给他叼奶嘴。如果宝宝3个月以后仍然叼奶嘴，则有可能对学习说话有影响。

宝宝3个月大时，建议开始让他独自睡婴儿床。如果你晚一些这么做，则他更不愿意独自睡小床。

在宝宝3到6个月以后，可把他放在大孩子玩的秋千上玩。一旦宝宝学会了行走，他就有很好的"反应性平衡"能力，这就是说他能调节手臂的肌肉，保持平衡。但要注意的是，必须确保秋千离地面的高度较低，用手扶住宝宝并轻轻地推动秋千，以避免意外发生。

在宝宝5个月大之前，你如出门旅游，不必带上他。这个年龄的宝宝，你不在他身边，他不会想念你。你越早开始离开宝宝，并告诉他你会很快回来，让他习惯被另一个人看养，那么以后他与你们分房睡将越容易。

当宝宝6个月内长第一颗牙齿时，带他去看牙医，最晚不要晚于他的周岁生日。

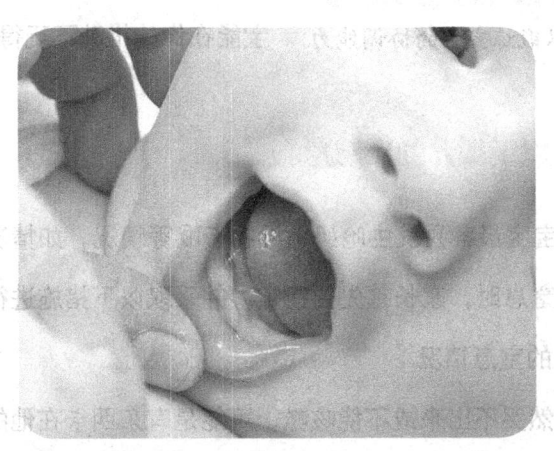

● 宝宝长第一颗牙齿时记得带他去看牙医

宝宝6个月大时，开始教他词汇、数字、颜色和形状，他的理解力没多久就会形成。建议用书本、有生命的东西，让宝宝对学习保持乐趣，如告诉他香蕉是黄色的，皮球是圆的。与其用教学卡片，不如给他唱歌、讲故事、念儿歌。

当宝宝能坐起来并可以清楚地看到伙伴时，定期让他和另一个宝宝一起玩。宝宝对同伴的兴趣比人们所认为的大得多。在宝宝2到3个月大时，他们就能注意到对方。9到12个月大时，他们会互赠玩具，互相模仿对方。为了鼓励你的宝宝和其他宝宝建立良好的友谊，并尽可能避免他们互相打斗，你应该多准备一些玩具。

● 骑坐玩具可以锻炼宝宝的协调能力

宝宝长到5到18个月时，可让他玩滑梯。宝宝学会行走，就有控制血管神经和适应身体姿势的能力。这使他能安全地从滑梯上滑下。

当宝宝能够平稳地坐着时，可给他玩骑坐玩具。有些宝宝能很好地协调双脚，向前向后推动玩具；有些宝宝能在你的推动下玩得很愉快。

 1岁以下婴儿的窒息急救

1岁以内的宝宝最容易发生呛奶、异物卡喉等情况，如情况危急则可发生窒息，宝宝发生窒息时，家长首先要镇定，并采取以下措施进行救治：

1. 判断宝宝的窒息情况

如果宝宝突然哭不出来或不能咳嗽，可能是有东西卡在他的气管里了，在这种情况下，宝宝可能会发出奇怪的声音，也可能张大嘴巴却根本发不出声音，同时他的皮肤可能涨红或变青紫。

如果宝宝咳嗽或作呕,那么表示宝宝的气管没有全部堵住。在这种情况下,应该让宝宝继续咳嗽。咳嗽是排出气管阻塞物最有效的方法。

2.采取适当的急救措施

如果宝宝不能把阻塞物咳出来,应该马上呼救,寻求他人帮忙拨打120,并开始抓住黄金时间,根据宝宝情况采取以下急救措施:

(1)抱起宝宝,一只手捏住宝宝颧骨两侧,手臂贴着宝宝的前胸,另一只手托住宝宝后颈部,让其脸朝下,趴在你的膝盖上。在宝宝背上拍1～5次,同时观察宝宝是否吐出异物。

(2)让宝宝仰卧在坚硬的地面或床板上,抢救者跪下或立于其足侧,或取坐位,让宝宝骑在抢救者的大腿上,面朝前。抢救者以两手的中指或食指,放在宝宝胸廓下和脐上的腹部,快速向上重击压迫,动作要轻柔。重复该动作,直至异物排出。

如经上述处理,异物尚未排出,须火速就近送往医院。

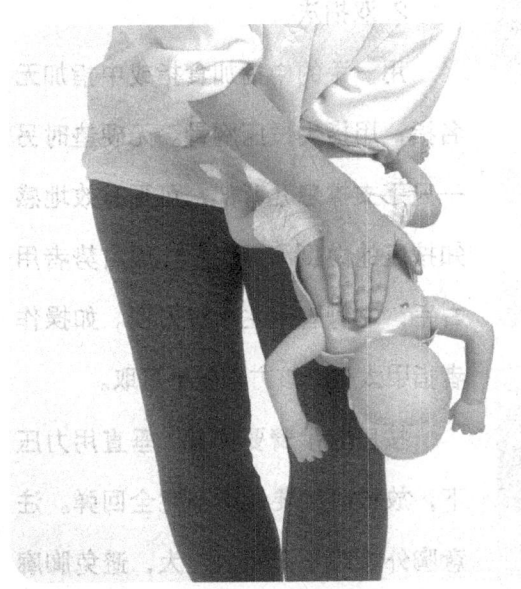
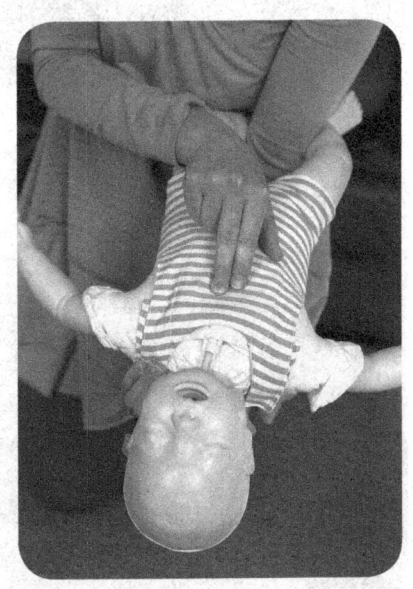

婴儿窒息的急救方法

1岁以下婴儿的胸外按压

如果宝宝发生意外,首先应判断宝宝有无反应和呼吸,如确定宝宝呼吸、心跳停止,应立即让宝宝仰躺在于木板床或者地板上,解开衣服,双手定位于两乳头连线的中点,有节奏地向脊柱方向冲击压迫,使胸骨下陷约前后胸直径1/3的深度(1～2厘米),频率为100～120次/分左右。

适用于1岁以下婴儿的胸外按压方法有两种:

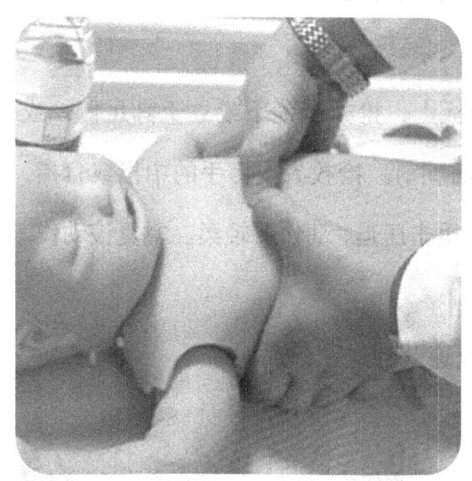

● 拇指法

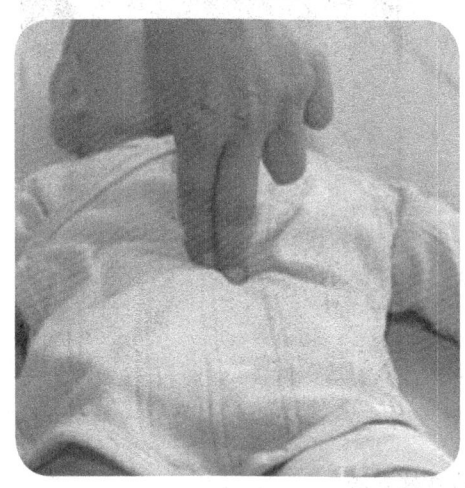

● 双指法

1. 拇指法

用两个拇指按压胸骨,拇指第一节应弯曲,两手环绕宝宝胸廓,其他手指置于宝宝背部,支撑其脊柱。两拇指可并排放置。如宝宝体型小,操作者手大时,两拇指可以重叠放置。

2. 双指法

用一手的中指加食指或中指加无名指,用指尖按压胸骨。无硬垫时另一只手支撑患儿背部,可更有效地感知按压的力度和深度。一般右势者用右手,左势者用左手较方便。如操作者指甲太长,该方法就不可取。

按压时手臂要伸直、垂直用力压下,放松时,要让胸部完全回弹。注意胸外按压不要用力过大,避免胸廓骨折。不要为了观察效果,而频频中断按压，按压停歇时间一般不要超过 10 秒。

如果几个循环下来，宝宝面色、口唇、指甲及皮肤等色泽再度转红，颈动脉搏动恢复，扩大的瞳孔再度缩小，有眼球活动，睫毛反射与对光反射出现，自主呼吸恢复，神志逐渐清楚，甚至手脚抽动，肌张力增加，证明胸外按压成功，可以停止。

如果宝宝仍无好转，或者加剧，就需进入人工呼吸阶段。

1岁以下婴儿的人工呼吸

首先清除宝宝口咽部的分泌物、呕吐物，保持呼吸道通畅。然后一手做"C"字状托起宝宝下颌，使头稍后仰至"鼻吸气"的位置，保持嘴巴张开的姿势，使咽喉壁、喉和气管在一条直线上，可让空气自由进入。另一手捏住宝宝鼻孔，深吸一口气后，用嘴唇包裹住宝宝的嘴唇，将气吹入口内，见胸廓起伏才算有效。再放开鼻孔使气体随胸廓回缩而排出。如此反复，频率为20次/分左右。

应注意勿使颈部伸展过度或不足，以上两种情况都会阻碍气体进入。注意吹气要适度，不能过猛，以防肺泡破裂形成气胸。

口对口吹气与胸外心脏按压（单人操作）的比例为 2 : 30，即每做 2 次口对口吹气后，立即做 30 次胸外心脏按压。双人操作比例为 1 : 15。

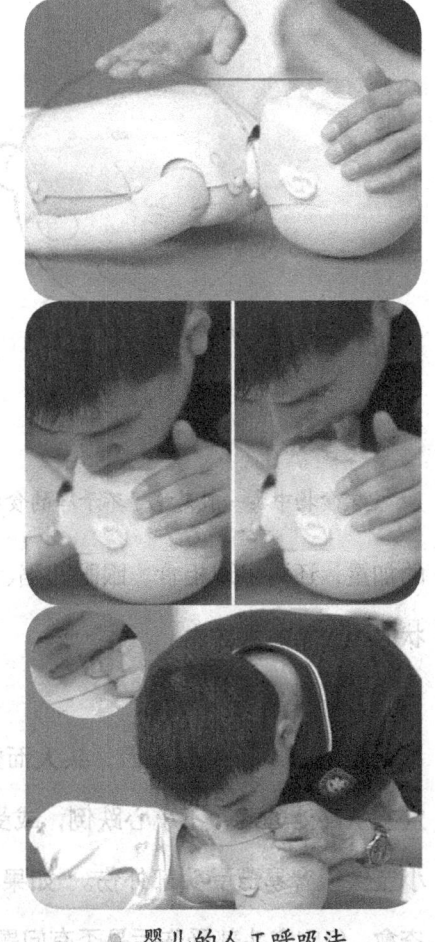

● 婴儿的人工呼吸法

宝宝常见的意外伤害

1. 骨折

正常分娩的宝宝是头部先从产道出来,这种情况下很少会发生骨折。骨折的发生大都见于难产的时候,尤其是臀部先从产道出来的宝宝。一般以锁骨、肱骨及股骨骨折常见。宝宝骨折时身体局部可有肿胀、瘀斑,有疼痛和压痛感,严重者肢体可出现明显畸形,如短缩、扭曲、旋转等,受伤部位可出现部分或全部的功能丧失。如果怀疑宝宝有骨折时,应及时去医院进行X光透视,以判断是否有骨折。

2. 中毒

一般情况下,宝宝食物中毒是吃了不干净的食物引起的消化道症状,处于哺乳期的妈妈食物中毒也可由母乳传播给宝宝。中毒时宝宝常表现出大便次数增多,呈蛋花样甚至水样便,进食后出现呕吐现象,宝宝哭闹,肚子痛;随着症状

● 宝宝食物中毒一般是吃了不干净的食物引起的

的加重,还可出现拒食、眼眶凹陷、精神萎靡等症状。如果怀疑宝宝有中毒症状时,应紧急看医生。

3. 头部受伤

小宝宝由于生理原因,头大而重,身体相对小且轻,四肢协调性差,当宝宝从高处坠落,不小心跌倒,或受到硬物撞击时,大多是头部着地。所以,小宝宝很容易遭受头部外伤。如果宝宝的头部受伤,一般性的问题可以自行痊愈,但宝宝头部受伤后是否有问题,不能仅仅看表面现象,像颅脑受内伤就

不一定很快表现出来。比如硬膜下血肿,可以在外伤后的数天、数周甚至数月后才出现相应症状。所以,如果宝宝外伤后出现嗜睡、烦躁、易惊、拒食、肢体小抽动等异常表现时,无论外表有没有伤口,都应立即送医院检查救治。

4. 坠床

运动是宝宝最快乐的事情,只要宝宝具备翻身能力时,就蕴藏着坠床(从床上摔下来)的风险。宝宝一旦发生坠床,首先应检查宝宝是否有意识,是否受伤。另外,当宝宝手脚不能动、一碰就哭时,还应检查是否是骨折或脱臼。当宝宝坠床时大声哭,但会立刻停止,或是身上磕出包或青一块紫一块,但脸色还不错,精神也很好,则无需特殊处理,可以继续观察。但如果出现无意识、引起痉挛、持续呕吐、伤口破裂、大量出血、手脚麻痹等情况时需立即送医院救治。

烫伤处理五字诀

烫伤处理五字诀:"冲、脱、泡、包、送"。

"冲"是指烧烫伤后立即脱离热源,用流动的冷水冲洗创面,降低创面温度,进行"冷却治疗"减轻高温进一步渗透所造成的组织损伤加重。

"脱"要掌握时间。如烫伤部位有衣服或鞋袜包裹,千万不要急忙脱去宝宝被烫部位的衣裤和鞋袜。应将患处隔着衣裤或鞋袜在流动冷水下冲洗。否则会使表皮随同鞋袜、

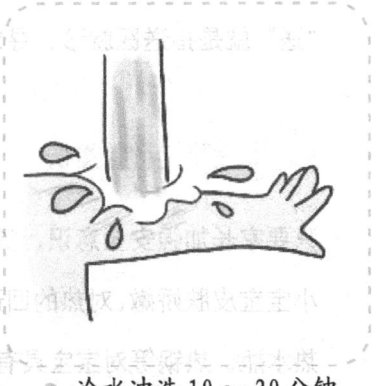
● 冷水冲洗10～20分钟

衣裤一起脱落,造成二次伤害,这样不但会加剧宝宝的痛苦,而且容易感染,加重病情。如果被开水烫伤,衣服上仍然有较高的水温,不脱去衣服,相当于没有脱离热源,仍然会加重伤情。所以边冲边脱是正确的处理方法。

○ 小心脱下衣物　　○ 浸泡10～30分钟　　○ 包住创面，立即就医

"泡"是指脱下衣服后要继续把伤口泡在冷水中。一般来说，浸泡时间越早，水温越低（不能低于5℃，以免冻伤），效果越好。泡冷水可持续降温，避免起泡或加重病情。如果烧烫伤部位不能浸泡在水中时，也可将受伤部位用毛巾包好，再在毛巾上浇水，用冰块敷效果也是一样的，但切记冰块不要直接接触皮肤。如果出现小水泡，注意不要弄破，由医生处理。

"包"就是包住创面。送医院之前一定要包裹患处，应立即用清洁的被单或衣服简单包扎，避免污染和再次损伤，创伤面不要滥敷酱油、牙膏等。

"送"就是指送医就诊，寻求医生的专业救治。

预防宝宝烫伤

只要家长加强安全意识，烫伤是完全可以避免的。

小宝宝皮肤娇嫩，对热的回避反射不够迅速，禁止使用50℃以上的热水袋。

热水瓶、热锅等对宝宝具有危险性的物品应放在其触碰不到的地方。盛开水的杯子、盛热汤的碗不要立马端到宝宝面前，应在别处晾凉至温热再端过来。

给宝宝洗澡时要先放冷水再加热水。奶爸先用手臂试下温度，再把宝宝放入澡盆。往澡盆兑水时要先把宝宝抱离澡盆，以防烫伤。

警惕婴儿捂热综合征

秋冬季,为了防寒保暖,许多宝宝都被裹成了"小粽子",睡觉时也换上了厚重的被子。这是小宝宝发生捂热综合征的重要原因。捂热综合征又称闷被综合征,有如下特点:

1. 多发于寒冷的冬春季,以1岁以下的婴儿,特别是不足6个月的宝宝多见。

2. 宝宝病前无不良症候,健康状况良好,偶有上呼吸道感染或轻微咳嗽。

3. 诱因常为厚衣厚被过度包裹严实捂闷,以夜间多发。

4. 发病时大汗淋漓,以缺氧、高热、大汗、脱水、抽搐、昏迷和呼吸衰竭为主要表现。

● 厚衣厚被易导致捂热综合征

5. 常伴有多器官功能受损及电解质紊乱。

6. 远期预后不容乐观。

捂热综合征应迅速降温

小宝宝的体温调节中枢发育不完善,既不会说话,也无力挣脱束缚自己的被褥及襁褓,即使啼哭也因捂盖中哭声不大,尤其是夜间不易引起父母的重视。一旦发现,应立即采取以下措施:

松解衣被:若宝宝不慎发生过暖、大汗湿衣时,应及时松解过多过紧的衣被,换掉湿透的衣服。

迅速物理降温:对于高热或超高热宝宝,应根据需要适当给予物理降温,如温水浴或冷水毛巾湿敷头部。

必要时看医生：捂热综合征的宝宝神经症状突出，重症宝宝表情淡漠、迟钝、躁动或兴奋与嗜睡交替出现，应立即就医。

捂热综合征可有效预防

保持安静舒适、空气新鲜的环境。定期开窗通风，使室内空气清新，保持室温18℃左右，湿度60%～65%，千万不要紧闭门窗，甚至在室内放置煤炉。新鲜寒冷的空气，会刺激呼吸道黏膜，能增强宝宝抗病能力。

注意气候变化，及时添减衣服，避免宝宝过热和受寒，适当进行户外活动，加强体能锻炼。外出时要把宝宝的嘴巴、鼻子露出来，呼吸新鲜空气，才不至于发生窒息、捂被等情况。

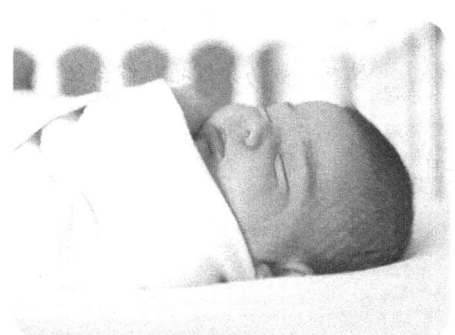

● 宝宝睡觉时要露出口鼻

建议母婴分床或分被睡。宝宝睡觉时，勿捂盖过多过严，应用柔软的棉布或绒布包被松松包裹，胸部以成人手指插入为宜，下身要使宝宝双腿保持蜷曲状态，并能自由蹬踏。睡眠时切勿让宝宝蒙头大睡，因为小宝宝没有足够的力气蹬开衣被。白天衣褥要适中，保持宝宝的呼吸道通畅。

吃奶后不要仰睡。3个月以内的宝宝活动能力差，不会翻身，如果吃奶后仰睡，吐奶时会吸入气管引起窒息，因此刚吃过奶的宝宝应侧卧或平卧头偏向一侧。

不要让宝宝含着奶头睡。不能用手搂着宝宝也不能让宝宝含着奶头在腋下睡，因为这样容易堵塞宝宝的呼吸道。

冬春季不要无限制地在宝宝被褥周围加热水袋等发热物。一般温度以宝宝双手温暖不出汗为宜。

3个月大的宝宝应与成人穿一样数量的衣服。如果宝宝发热,父母应意识到宝宝的衣服可能过多过厚了,应及时减少衣服数量,适当散热,同时注意喂水。

宝宝用的枕头不能太松软,以免把头捂在枕头里面。趴着睡时,不要困住宝宝的手,也不要裹住宝宝。

夜间奶爸奶妈应多查看宝宝。每隔2～3小时查看1次,确保宝宝呼吸道通畅,以防患于未然。

宝宝若高热,绝对不能用捂汗的土方子,这样容易发生捂热综合征。

新生儿及婴儿常见症状处理

1. 发热

正常情况下,新生儿腋下体温一般为36℃～37℃。当喂奶、饭后、运动、哭闹、衣被过厚、室温过高时,可使新生儿体温暂时升高到37.5℃左右,甚至偶达38℃。新生儿发热是常见现象,首选物理降温法:

(1)环境降温:将宝宝的包被解开或脱去衣服都有助于散热。在高温季节,还可采取在地上泼凉水、开空调、通风等措施使室温下降,有助于宝宝散热。

(2)适当吹风:但注意不能对准宝宝的某一部位吹风。可以用电扇摇头吹风,风力不可太大,时间不可过长。

(3)冷敷:可用毛巾在冷水中浸湿后挤干放在宝宝额头上,或用不透水的橡胶手套等制成大小适宜的口袋,在里面装冰水或小冰块,将冰袋放在宝宝的额头、颈部、腋窝、大腿根部等部位,

● 冷敷降温

● 擦浴降温

注意冰袋局部冷敷时,不宜持续时间过长,以防冻伤。另外,也可以使用退热贴退热。

(4)温水擦身/温水浴:可以用32℃~36℃的温水,将毛巾浸湿后擦拭宝宝全身皮肤,待皮肤上的水分蒸发后再擦第二遍,直到体温明显下降。或是以38℃的温水给宝宝盆浴,5~10分钟后将宝宝抱出,擦干身上的水,用包被包好,半小时后测体温。

专家提醒

不可使用稀释酒精给宝宝进行擦浴,早产儿和体重过轻儿不建议用擦浴的方法。对于高热持续不退的宝宝,切勿滥用退热药。最好先带宝宝看医生,根据医嘱给宝宝用药。

2. 疼痛

宝宝疼痛一般以腹痛常见。如果症状较轻者,可以让宝宝多休息,适当补充水分,对于腹泻引起的疼痛,症状轻者可服用口服补液盐,减轻腹痛、防止脱水。但是如果宝宝突然出现腹部一触即痛时,应立即就医。

3. 呼吸异常

宝宝出现呼吸增快,每分钟呼吸次数超过60次或是出现呼吸减慢,一段时间内(20秒)无呼吸,并伴有唇周有青紫、发白,肌张力减退等症状时,提示疾病的严重表现,应高度重视,立即就医。

4. 食欲下降

良好的食欲是宝宝健康的标志之一,宝宝生病时,吃奶量会明显减少或不吃奶。如果宝宝的奶量不及平时的一半,说明宝宝生病了,需要及时就医。

5. 呕吐

新生儿呕吐,绝大多数是由喂养不当引起的。

首先提倡抱起喂奶,人工喂养的宝宝,奶液充满奶头后再给予哺乳,且乳头孔不宜过大。哺乳后要直立抱起宝宝并轻拍背部,使吞咽的空气排出。哺乳后短时间内不宜更换尿布。对于胃食道返流的呕吐,可选择头部抬高15°的头高脚低侧卧位,以防呕吐物误吸,避免吸入性肺炎及窒息的发生。

● 喂奶时奶嘴应一直处于充满奶液的状态

如果宝宝出现反复、频繁的呕吐,则是有病的表现。呕吐伴有精神萎靡、吃奶量减少,呕吐物中带有血或黄绿色液体或有大量的奶块,都是不正常的现象。如果呕吐时宝宝的前囟饱满,有可能是颅内病变的表现,应紧急就医。

6. 腹泻

宝宝大便次数比平时明显增多,大便变成水样、蛋花样或带有血或黏液,是肠道感染的表现。若伴有口干、眼眶凹陷、尿少、精神差等脱水表现,是病情严重的征象,需要及时就医。

对于症状较轻的宝宝,需要适当补充水分和食物,对宝宝多安抚,加强对臀部的护理,保持宝宝臀部的干燥,切记不可乱用止泻药。

家中常备急救箱

家中有可能会碰到这样或那样的意外，尤其是有小宝宝的家庭。所以最好在家中常备一个装着以下物品的救急箱，用以解决各种突发事件。

（1）酒精、碘伏、棉签：用来消毒。

（2）手套、口罩：可以防止施救者被感染。

（3）0.9%生理盐水：用来清洗伤口。

（4）灭菌纱布、绷带、胶布：用来覆盖伤口及包扎伤口。

（5）创可贴：覆盖小创口时用。

（6）体温计：常用的量具，必须准备。电子温枪之类易操作，方便携带。

（7）退烧药：美林或泰若林、退热贴。

（8）内服止泻药：蒙脱石散、妈咪爱、口服补液盐。

（9）外用药：烧伤湿润膏、止痒清凉油、消炎止痛药。

配备家中急救箱的注意事项

1. 配备原则

选购药品要有的放矢，品种要少而精。要贴有标签，标签上写清楚药名、规格、用途、用法、用量以及注意事项。内服药与外用药分开存放，并要有明显标志写明是外用，还是内服，以免用错药。

2. 注意贮藏

家庭备用的药物应放在干燥通风阴暗处保存。因为药物受空气、阳光、湿度、温度的影响较大，容易变质失效，尤其是存放于密封不严的瓶子和药袋内更是如此。另外，药品应存放在小孩拿不到的地方，以免误服。

3. 定期检查药品质量

家庭药箱备存的药物应定期检查是否变质，注意药品的失效日期。

 家庭急救箱必备品：体温计

体温计是家庭急救箱必备品之一。目前市场上有很多种类型的体温计，如水银式、电子式、片式等。

1. 水银式

最常见的体温计是玻璃体温计，它可使随体温升高的水银柱保持原有位置，便于使用者随时观测。由于玻璃的结构比较致密，水银的性能非常稳定，所以玻璃体温计具有示值准确、稳定性高的特点，还有价格低廉、不用外接电源的优点，深受人们特别是医务工作者的信赖。但玻璃体温计的缺陷也比较明显，如易破碎，存在水银污染的可能；测量时间比较长，对老人、婴幼儿等来说使用不方便，读数比较费事等。

2. 电子式

电子式体温计是利用某些物质的物理参数（如电阻、电压、电流等）与环境温度之间存在的确定关系，将体温以数字的形式显示出来，读数清晰，携带方便。其不足之处在于示值准确度受电子元件及电池供电状况等因素影响，不如玻璃体温计准确。

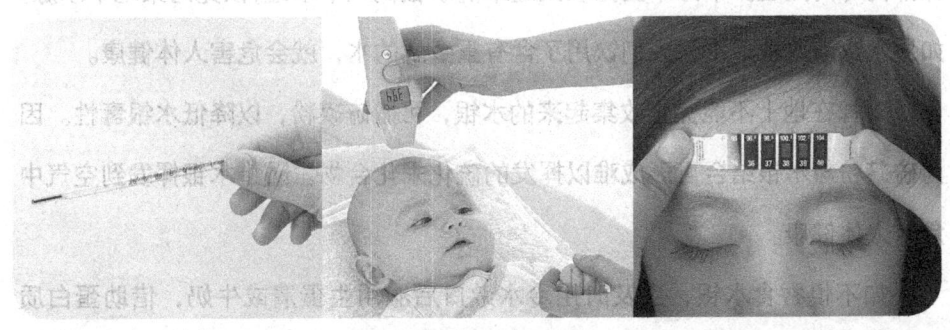

● 不同类型的体温计

3. 片式

片式体温计（或点阵式体温计）价格不高，体积较小，便于携带和储存，本身污染非常小，可以一次性使用，避免交叉感染。其不足之处在于如不及时读取数字，体温计的读数会随着环境温度而改变。

 **体温计的选择**

给宝宝选择体温计的关键不在于类型，而在于测体温时宝宝的配合程度，所以应当根据宝宝的不同状态使用不同类型的体温计。例如临床上一般用水银的体温计给熟睡的新生儿测腋温，因为他们不怎么活动。如果宝宝正在哭闹、十分不配合，但当时又很需要测体温，可用电子体温计；需要的时间短，尤其是能快捷测试的类型如额头测温计。如果宝宝有发热，则建议使用水银体温计测量腋温，准确性较高。注意，不要用水银体温计给宝宝测量口温。

 水银体温计碎了怎么办

水银收集处理方法：用湿润的小棉棒或胶带纸将洒落在地面上的水银轻轻粘起来，放进可以封口的小瓶中。并在瓶中加入少量水加以封闭，瓶上注明"废弃水银"等标识性记号，交给本单位或社区居委会废液管理人员处理或送到环保部门专门处理。千万不要把收集起来的水银倒入下水道，以免污染地下水源。如果水银渗入地下水，人们饮用了含有重金属的水，就会危害人体健康。

对掉在地上不能完全收集起来的水银，可撒硫磺粉，以降低水银毒性。因为硫磺粉与水银结合可形成难以挥发的硫化汞化合物，防止水银挥发到空气中危害人体健康。

如不慎吞食水银，应及时用冷水漱口后服用生蛋清或牛奶，借助蛋白质减缓身体对水银的吸收，然后再去就医处理。

 给宝宝喂药的两大妙招

对于奶爸而言，宝宝生病后"喂宝宝吃药"是令人头痛的事情，往往奶爸累得满头大汗，宝宝哭得声嘶力竭，仍然无法达成任务。奶爸学会以下两种喂药的方法，可轻松解决喂药的大难题。

1. 用注射器喂药

（1）准备好1支没有针头并消过毒的注射喂药器。

（2）将要吃的药量好装入注射器，如果不是液体类药物，先用温开水溶解为液体。

（3）抱好宝宝，让宝宝的头不要乱动。一个人喂药时可以将宝宝的头靠在自己的身上，给宝宝一种情感的慰藉。

（4）把事先准备好的注射器放在宝宝嘴的一侧，这样宝宝不张嘴也可以放入，不要放在嘴中间，易呛着宝宝，然后缓慢地将药液打入。

（5）喂完药后，可以再用奶瓶或小勺喂宝宝一点水，以去除嘴里的药味。药不要一次注入太多太快，一次注入太多药液会溢出来或发生误吸，一定要根据药量分几次打入。

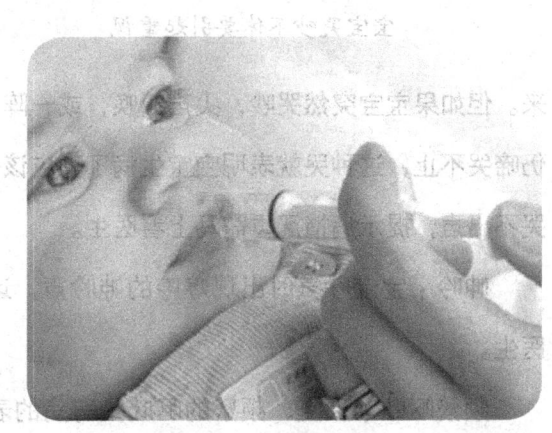
● 注射器喂药

2. 用勺子喂药

现在很多药液都是果味的，宝宝容易接受，这样的药可以直接用勺子喂。轻轻按住宝宝的下巴，让他张开嘴，然后把勺子放在宝宝的舌头上，抬起勺子，将药液倒入宝宝嘴里。喂药时不要采取撬嘴、捏紧鼻孔、强行灌药等行为，这样很容易让宝宝产生恐惧感，且易呛着引起误吸。

宝宝出现哪些状况该去医院

小宝宝不会用语言来表达自己的需求或不适，那么，宝宝出现什么情况就是病了需要看医生呢？

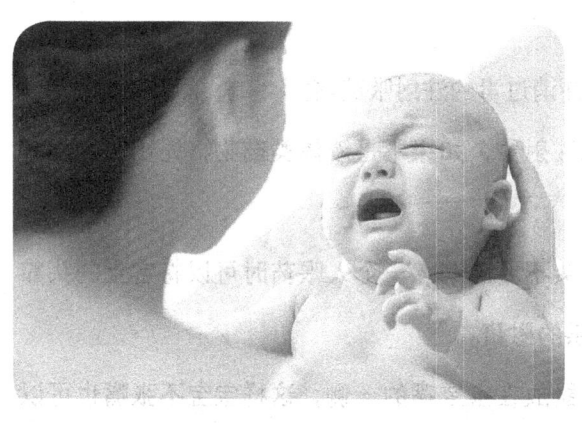

● 宝宝哭吵不休要引起重视

哭吵不休：哭是宝宝寻求帮助的唯一方式。当宝宝饿了、渴了、尿布湿了、冷了、热了等都会用哭来表示，但哭声是响亮婉转和悦耳的。此时，只要宝宝的需求得到满足或母亲给予亲昵抚摸，就会马上停止哭吵而安静下来。但如果宝宝突然哭吵，尖声叫唤，或一阵一阵地哭，尽管母亲抚摸、怀抱仍啼哭不止，这种哭就表明宝宝生病了，应该去看医生。如果宝宝哭声无力或哭不出声，提示病情严重需马上看医生。

呻吟：宝宝呼气时出现哼哼的呻吟声，这是病情严重的表现，应紧急看医生。

频繁呕吐：反复、频繁的呕吐是有病的表现。呕吐伴有精神萎靡、吃奶量减少，呕吐物中带有血或黄绿色液体，或有大量的奶块，都是不正常现象。如果呕吐时宝宝的前囟门饱满，有可能是颅内病变的表现，应紧急看医生。

腹泻：大便次数比平时明显增多，大便变成水样、蛋花样或带有血或黏液，是肠道感染的表现；伴有口干、眼眶凹陷、尿少、精神差等脱水表现，是病情严重的征象。

奶量减少：宝宝生病时，吃奶量会明显减少或不吃奶，如果宝宝吃奶的量不及平时的一半，说明宝宝生病了，而且病得不轻。

黄疸加深：如果宝宝出生后2周黄疸仍未退，或黄疸很深、精神差、吃奶差，是宝宝不正常的表现。

发热或手脚冰凉：新生宝宝发热是体内感染较严重的征象。但有的宝宝生病时非但不发热，反而四肢和全身变冷，更是疾病严重的征象。

呼吸异常：宝宝呼吸增快，每分钟呼吸次数超过60次或嘴唇周围有青紫、发白现象，是疾病的严重表现，应给予高度重视。

总之，小宝宝生病后表现出来的征象都差不多，不像大孩子或成人那样，一种病有一种病的表现。如果发现宝宝脸色不好、哭声不响、四肢不动、吃奶不多、体温不升或发热，表示宝宝生病了，并且病情较重，应立即上医院诊治。

什么情况下该带宝宝看急诊

宝宝生病后症状不典型，奶爸往往一时分辨不出宝宝疾病的轻重缓急，宝宝出现以下情况时应该带宝宝看急诊：

宝宝发热：当妈妈给宝宝喂奶时，感到宝宝口里发烫，应该赶快给宝宝测量体温。当宝宝的腋温超过37.5℃就是发热，37.5℃～38℃为低热，38℃～39℃为中度发热，39℃以上为高热。无论发热的高低，都可能是宝宝有大病的征象。

宝宝抽搐：即平常老百姓说的抽筋或抽风，是宝宝中枢神经系统异常的表现，表现为双眼上翻、凝视或斜视、面色苍白或发绀、四肢强直性抽搐。常见于高热惊厥、中枢神经系统的感染、败血症等。因此，当宝宝发热抽筋时，奶爸应马上为宝宝松开包裹散热，解开领口和腹带，畅通呼吸道，并立即送医院诊治。

不吃不哭：由于新生宝宝反应性较差，患病后特异性表现少，不吃不哭是疾病严重的表现，如发现宝宝吃得少，精神差，反应较平常差，应马上去看医生。

哭闹不安：满足宝宝的生理需求后仍烦躁、哭闹不安，哭声尖，常常是病重的表现，应立即上医院寻求医生的帮助。

嗜睡或睡眠不安：宝宝吃不好，睡不安，或总是处于睡眠状态，非常安静，肌张力高或肌肉瘫软，均是疾病严重的征象，应立即上医院。

 如何正确带宝宝看病

如果带你的宝宝去医院就医，请千万不要慌张，注意以下几点就能做到应对自如：

1. 就诊前了解门诊开放时间：综合医院的儿科开放时间一般为周一至周五全天和周六上午，其他时间看儿科只能看急诊。而儿童专科医院的专科门诊开放时间也是周一至周五全天和周六上午，其他时间只有普通门诊和急诊。所有医院的急诊都是 24 小时开放的。

2. 选择合适的就诊时间：许多医院有专门的咨询电话，可以先电话咨询是否有您需要的医生后，再理性地安排好就诊时间。若不是特别急的病症，如择期手术、定期体检，可避开周一、周六上午和每日上午 9：00 ～ 10：00 的就诊高峰期，选择病人相对较少的时间前来就诊。

● 带宝宝看病建议避开高峰期

3. 带病历资料：若不是第一次就诊，记得带诊疗卡、病历本和以前做过的检查结果，方便医生查看以往病史记录，协助诊断。

4. 给宝宝准备日常生活用品：宝宝在用的奶粉、奶瓶、尿片、包被、衣服是必不可少的，如方便还可携带一些玩具，以备候诊或宝宝哭闹时安抚用。

5. 宝宝不会说话，哪里不舒服，自己也说不出，全靠奶爸奶妈介绍病情给医生听。所以奶爸要详细地向医生提供宝宝疾病发生发展的情况，越详细、越具体越好。如发热，什么时候发热，热多高；是否吃药，吃了什么药；吃奶是正常还是减少；大便是否正常；是否哭吵，睡眠精神状况如何；有没有咳嗽、呕吐等情况。宝宝若是奶妈带的，奶妈了解的情况应该详细些，如果宝宝不是奶妈亲自带的，去医院时一定要抚养人一起来，这样才能向医生提供较全面、真实的病史，供医生诊断疾病时参考。

● 正确地介绍宝宝的病情

6. 宝宝生病后，如果在家中有呕吐物、异常的大便、小便等，最好带上这些标本让医生看，并留作化验检查用。在家里吃过的药品也要带上，以便医生了解用药情况。

 **住院时如何配合治疗**

宝宝经过医生检查后，如果确定需要住院治疗，奶爸一定要遵医嘱，不要以为在门诊开点药、打点针就好了，因为宝宝住院后，有专业的医生、护士照顾，病情恢复得快，同时，还可以发现一些潜在的健康问题，对宝宝日后的健康成长有利。

如果宝宝的出生地是乡镇医院，宝宝的病情又较重，乡镇医院没有救治的能力，急需转院治疗，这时乡镇医院的医生会给您联系转诊，上级医院会派有经验的医生、护士接诊。此时，奶爸的心情一定很紧张，一方面担心宝宝的病情会不会危及生命；另一方面，担心经济上是否能够承受，但是此时，我们只能接受现实，全力配合医生，做好转诊准备。

宝宝转入上级医院后，新生儿病房大多是无陪病房，待医生询问完病史、宝宝的住院手续办理好后，护士会告知奶爸，何时可以探视，怎样与医生联系等相关事宜。这里有宝宝需要的所有生活用品，不需要家属准备。

在宝宝住院期间，建议尽量将奶妈的乳汁挤出来保存在冰箱里，探视时可带给宝宝吃。探视时要带好探视证，记住宝宝的主管医生是谁，如果有哪些方面想向医生了解，请先做好准备。因为医院病人多，医生忙，有很多奶爸奶妈要接待，当然，医生会主动将宝宝的病情、治疗、饮食、睡眠、大小便情况一一向您介绍，但还是有可能没有说到您想知道的某个方面，所以请做好功课，以免出现不尽事宜。

宝宝病愈，医生通知奶爸来医院接宝宝出院，奶爸需带好宝宝的日常生活用品，如奶瓶、奶嘴、牛奶，若是母乳喂养的宝宝则妈妈来了即可，不用带奶具。此外，还要带上宝宝穿的衣服，冬季要带保暖的棉衣及包被，以防在路途中受凉。

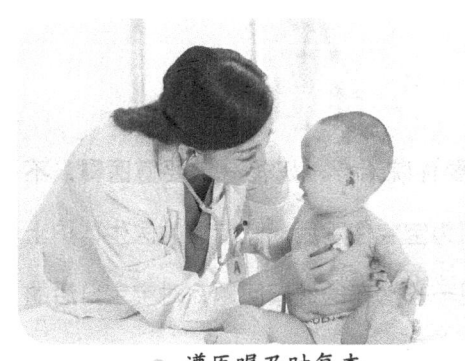
● 遵医嘱及时复查

办妥出院手续后，医生会嘱咐奶爸何时带宝宝来医院复查，出院后该怎样护理宝宝，出院后医生会定时打电话询问宝宝的生长发育和健康状况，奶爸需怎样配合。对医生的嘱咐，奶爸不要怠慢。

常规体检有必要

一种崭新的育儿理念——没病也要看医生,已被众多的奶爸奶妈所接受并付之于行动。而在乡镇、农村等经济文化较落后地区的奶爸们也正在转变育儿观念,逐渐建立了没病也要看医生的理念。

为什么宝宝没有病也要去看医生呢?这是因为宝宝需要进行定期的健康检查,以便及时了解宝宝生长、发育、营养状况等情况,确保健康成长。

定期的儿童健康检查一般包含测量宝宝的身高、体重、全身器官的物理检查和化验检查,能够及时发现宝宝是否偏离了正常的发育指标,及时发现宝宝的多发病和常见病,如贫血、佝偻病、营养性疾病等,以便及时治疗和追踪随访。另外儿童健康保

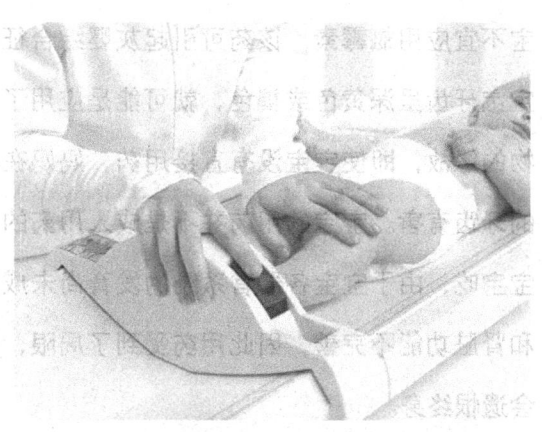

定期带宝宝进行健康检查

健检查还负责营养咨询、指导喂养、帮助宝宝克服偏食等不良习惯;指导口腔卫生,预防龋齿,保护宝宝视力,定期视力检查,及时发现弱视宝宝。儿童保健检查门诊还设有遗传咨询、智能检查等内容。因此奶爸们主动定期地带没病的宝宝去儿童保健门诊检查,就能及时发现和找出各种不利于宝宝生长发育的因素,并及时加以矫正。

健康的宝宝,一般1岁内在满月、2个月、4个月、6个月、9个月、周岁时各进行健康检查1次;满周岁后每半年检查1次;3岁以上的宝宝每年做1次健康检查,直至青春发育期。

为宝宝做定期健康检查,前往儿童医院或综合医院的儿童保健门诊就可以了。

宝宝用药有禁忌

月子里的宝宝除非是因病情需要必须用药，否则不要用药，一旦用药，必须在医生的指导下应用，奶爸切不可私自给宝宝用药，即使是补充维生素、钙片和鱼肝油，都要遵医嘱执行，并且要注意药物的有效期，不得使用过期药品。

很多药物对宝宝的健康有害，例如氨基甙类抗生素（链霉素、庆大霉素、丁胺卡那等），对宝宝的听力可造成不可逆的损害，应避免使用。婴儿期的宝宝不宜应用氯霉素，该药可引起灰婴综合征致宝宝于死地。我们见到过有的宝宝牙齿呈深黄色或褐色，就可能是应用了四环素类（四环素、土霉素）药物的缘故，即使宝宝没有直接用药，妈妈在孕期或哺乳期应用，同样对宝宝的牙齿有害。宝宝的用药并不是成人用药的减量而已，大人的药绝对不能给宝宝吃，由于宝宝各器官系统的发育尚未成熟，特别是参与药物代谢的肝脏和肾脏功能不完善，因此用药受到了局限，千万不要随意给宝宝用药，否则会遗恨终身。

有时，某些情况是宝宝的特殊生理现象，并不需要用药，因此奶爸应该认真观察，只要宝宝吃奶好，睡眠好，大小便正常，一般就不会有什么大碍，不需要服药治疗。

如何照顾生病的宝宝

现在的家庭模式大多数还处在"421家庭"阶段，当宝宝生病后，一家人都围在宝宝身边忙得焦头烂额，不知要怎么做才对宝宝病情有帮助，奶爸们可以从以下几方面照顾生病的宝宝：

1. 休息：宝宝不会装病，宝宝生病后确实会不像平时那样爱活动了，这是机体要求"休息"的信号。此时，奶爸们可以陪宝宝安静地躺着，与他聊天，抚摸他的头部、背部，还可以把他抱在怀里，给他讲故事、听音乐、玩玩具等。

2. 喝水：因为发烧、流汗、气喘、呕吐、腹泻、流涕等均使体液流失很多，所以生病期的宝宝需要更多的喝水，以补充液体量。另外，多喝水可以缓解咽部的干燥感及疼痛，使宝宝感觉舒服一些。

● 宝宝生病期间要多喝水

3. 喂养：首选母乳喂养，若无母乳则应选择合适的配方奶粉，注意严格按奶粉说明配制。如宝宝吃奶好，每天每次可给宝宝增加奶量 5～10 毫升。生病期间应停止添加辅食。"少食多餐"原则适宜生病宝宝的胃口及需要。疾病恢复期，需要注意渐进地增加饮食，切勿暴饮暴食。

4. 保暖：宝宝房间的室温冬天宜维持在 26℃～28℃，夏天宜维持在 22℃～24℃。体重小于 2000 克的宝宝在寒冷季节不宜洗澡，可适当擦澡。宝宝生病后，父母习惯给宝宝增加衣服。其实没有这个必要，宝宝的衣着适宜，以手心温暖又不出汗为原则。尤其对于发烧的宝宝，如果捂得过严，容易引起高热惊厥。因此，家长需要根据环境要求给生病的宝宝适当增减衣服。

5. 预防感染：宝宝的房间应避免不必要的人员走动，尽量不带宝宝去人多的公共场所。新鲜的空气对生病的宝宝有好处，通风并不会引起感冒，而干燥、通风不良的环境则会加重呼吸道疾病。因此，宝宝的房间应注意通风，每天定时通风半小时，必要时每周用食醋熏蒸房间 1 次。另外，生病的宝宝并不一定只能呆在家里，如果外面天气适宜，可以用推车把宝宝推出去享受阳光和新鲜的空气。

6. 宝宝生病后，往往很黏人，有的宝宝还容易烦躁、恼人。这是他们希望父母帮助他、了解他的愿望的信号。因此，奶爸需要给宝宝更多的关爱，对待他的无理取闹，要有很大耐心。

宝宝喝水有讲究

小宝宝易发烧、咳嗽、腹泻、呕吐，上医院看病，医生总会叮嘱家长"给宝宝多喝水"。但如何给宝宝喂水，才能真正促进宝宝早日康复呢？

1. 发烧宝宝——多多喂水

发烧是宝宝生病常见症状，体温每升高1℃，宝宝的基础代谢率就会增加13%，心跳加快15次/分，由皮肤和肺蒸发的"不显性失水"也会增加，这样一来，宝宝就需要水分的补充了，否则宝宝即使服用了退热药，但由于体内缺水而导致无法出汗，体温也会降不下来。所以发烧宝宝一定要多饮水，帮助降温，尤其是在服用退热药之后，这样才能防止用药后体温不降或大汗虚脱。

2. 咳嗽宝宝——频繁喂水

得了肺炎的宝宝常常会咳嗽、喘息、呼吸频率加快、张口呼吸等，这会导致他们经口、鼻腔丢失的水分大大增加，嘴唇常常会出现皲裂、脱皮的现象。如果宝宝缺水，痰液将会变得黏稠，很难咳出，甚至阻塞呼吸道，严重者导致呼吸衰竭的发生。因此，肺炎宝宝要频繁喂水，可稀释痰液，辅以拍背排痰，以保持呼吸道通畅，促进疾病康复。

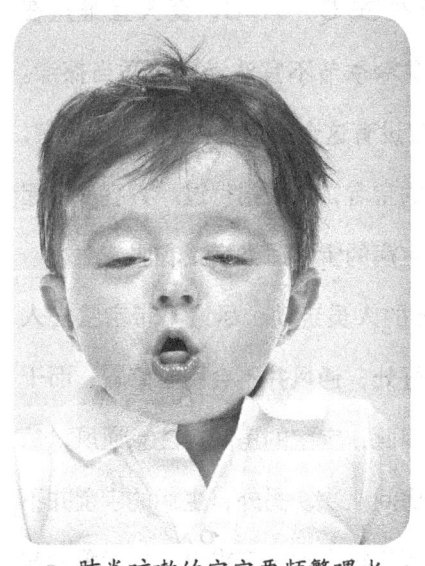

● 肺炎咳嗽的宝宝要频繁喂水

3. 呕吐宝宝——温热慢饮

受凉、饮食不当……不论是什么原因导致胃肠功能紊乱或消化道感染性疾病时，宝宝都可能出现恶心、呕吐，这时候宝宝会无法控制地将胃内食物吐出来，造成以酸性物质丢失为主的代谢性碱中毒，并且伴有腹胀、腹痛、食欲不振、电解质紊乱等情况。此时除了给宝宝输液，还要适当地给呕吐的宝宝喂水，注意少量、多次、温热、慢饮。如果大量、快速喂水，反而会加重宝宝的呕吐症状。

4. 腹泻宝宝——多喂水到排尿

感染、过敏、喂养不当、受凉等多种因素都能引起腹泻。此时不仅要观察宝宝大便的情况，更要观察其小便。如果宝宝的大便呈黄稀水样或蛋花汤样，次数增加，并伴有口唇干燥、眼泪少、小便量减少，表明此时宝宝出现了脱水。除了上医院积极输液外，正确地喂水可以帮助宝宝及早纠正脱水。奶爸们可选用米汤水加少量盐，忌加糖，因加糖会加重腹泻，或口服补液盐（ORS）溶液（药店、医院都有售）。ORS 是世界卫生组织提倡的葡萄糖-电解质口服粉剂，用于无脱水症状或轻中度脱水的宝宝。ORS 每包重 1475 克，需一次性兑水 500 毫升，因配方中电解质较高，可另加半量温开水稀释成为 750 毫升溶液口服。ORS 既可预防腹泻宝宝脱水，又可纠正宝宝轻中度脱水，经济又方便，效果也很好。

生病宝宝喝水有讲究，千万别凭经验或盲目地给宝宝喂水，否则，不但不能减轻宝宝的痛苦，反而会加重宝宝的病情。

专家提醒

出生 28 天以内的新生宝宝不可喂 ORS 补液盐。

接种疫苗按程序

宝宝的预防接种分为计划免疫和非计划免疫。

计划免疫：是国家规定纳入计划免疫，属于免费疫苗，是宝宝出生后必须进行接种的疫苗。宝宝出生后，奶爸只需按照预防接种本，按时携带宝宝到附近的医院或保健院去接种相应的疫苗。并妥善保存好宝宝的预防接种证，以备以后宝宝入学、入托时查验。具体详见附录四"宝宝预防接种（计划免疫）安排表"。

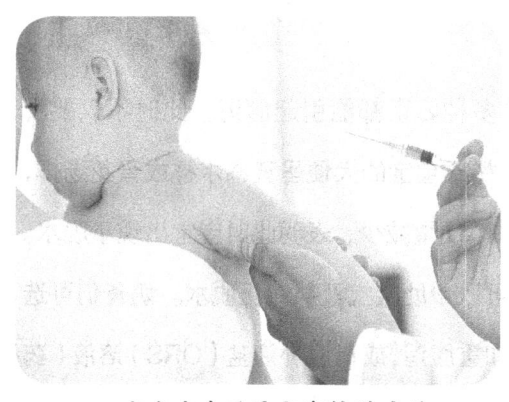

非计划免疫：是属于家长根据自家宝宝的情况和经济条件等自愿选择的非强制性接种疫苗，如乙型脑炎疫苗、甲型肝炎疫苗、肺炎疫苗、流行性脑膜炎疫苗、流感疫苗、轮状病毒疫苗、水痘疫苗、风疹疫苗、腮腺炎疫苗等等。

● 宝宝出生后要定期接种疫苗

预防接种四注意

1. 早产儿、正在发热或腹泻等疾病急性期的宝宝都不能进行接种。这些有"暂时禁忌症"的宝宝可以在疾病康复后补种。

2. 如果宝宝患有免疫缺陷、严重慢性病、消耗性疾病或是严重过敏体质，就属于"绝对禁忌证"。接种疫苗可能发生异常反应，甚至危及生命。

3. 接种后多喝水。接种处的创面一般三天内避免沾水，更不要用碘酊消毒处理，因为活疫苗、菌苗易被碘酊杀死，影响接种效果。

4. 不管是计划或者非计划接种，都需在专业医疗机构进行，都需在专业医生的指导下处理出现的异常反应。

宝宝过敏可预防

对于过敏体质的宝宝来说，预防甚于治疗。日常生活中避开过敏原，可有效减少过敏的发作次数。

1.春季要避免接触树木花粉，秋冬季节还要避开野草。如果要出门踏青，不要在天晴风大的天气出门，最好在春雨霏霏的时候再去郊游。平时出门时要尽量戴好口罩，因为有些花粉颗粒很小，很容易随着春风在空气中飘荡，被吸入鼻孔引起过敏。另外，户外运动应尽可能选在花粉指数低的时候，如清晨、夜晚，或一场阵雨之后；若在花粉指数高时外出，回家后要换上干净衣服；不要在室外晒衣。

2.不要在家中用地毯，因为地毯很容易吸附灰尘、螨虫等过敏原。

3.及时清洗床上用品，并用烘干器烘干或在太阳下晒干。

4.尽量不要养宠物，因为猫、狗的毛皮屑等也是常见引起过敏的物质。

5.每年使用空调之前，一定要清洗网罩，避免霉菌、灰尘、螨虫等随着出风口进入空气中。

● 宠物也是常见的过敏原

6.新装修的房屋不要急着搬进去，新买的汽车里也可能有味道，而这些都可导致过敏。

7.平时尽量少吃高蛋白质、高热量的食物或辛辣、有腥味的食品，多吃蔬菜、水果。

8.避开其他可能引起过敏发作的食物、药物、添加剂等。

宝宝湿疹早识别

过敏因素是引起宝宝湿疹的主要原因。过敏因素包括食物中的蛋白质，尤其是鱼、虾、蛋类及牛乳；接触化学物品（护肤品、洗浴用品、清洁剂等）、毛制品、化纤物品、植物花粉、动物皮革及羽毛；感染、日光照射、高温、寒冷等。

● 皮疹初期多发于头面部

宝宝湿疹常见的症状：湿疹初起时为散发或群集的小红丘疹或红斑，逐渐增多，并可见小水疱，黄白色鳞屑及痂皮，可有渗出、糜烂及继发感染。皮疹多见于头面部，如额部、双颊、头顶部，以后逐渐蔓延至颏、颈、肩、背、臀、四肢，甚至泛发全身。宝宝烦躁不安，夜间哭闹，影响睡眠。

肛门湿疹应考虑宝宝是否有蛲虫感染。有一种特殊类型的湿疹常伴有蛲虫感染，称为蛲虫湿疹，好发于宝宝的肛门及周围皮肤，皮损常为浸润肥厚，湿润或少许渗出，也能引起皲裂、瘙痒。

为宝宝湿疹挡驾

母乳喂养可以减轻湿疹。哺乳期的妈妈可以试着不喝牛奶、鸡蛋，多吃瓜果蔬菜。湿疹在牛奶喂养的宝宝较母乳喂养的多见，人工喂养的宝宝可将羊牛奶换成配方奶。

蛋白类辅食应该晚一些添加，如鸡蛋、鱼、虾类。一般宝宝从4个月开始逐渐添加辅食，而有湿疹的宝宝应晚1～2个月添加，且添加的速度要慢。

宝宝的食物要新鲜，避免吃易产气、含色素、含防腐剂或稳定剂、含膨化剂等的加工食品。

宝宝的日常饮食应以清淡为宜，少些盐分，以免体内积液太多而易发湿疹。如果发现吃某种食物后出现湿疹，应避免再次进食这些食物。

宝宝湿疹巧护理

宝宝皮肤比较柔嫩，抵抗力较差，患湿疹后要保持局部清洁，避免再刺激。常见的外源性刺激有搔抓、摩擦、肥皂洗、热水烫、用药不当等。

对脂溢型湿疹千万不能用肥皂和热水洗，会将宝宝皮肤表面的油脂洗掉，使皮肤更加干燥。应该用植物油轻轻涂擦，使痂皮逐渐软化后去掉，不要强行把痂皮剥下。还可涂无刺激性的润肤膏于患处，给患处保湿，减少痒感。

保持宝宝双手清洁，经常帮宝宝剪手指甲，避免搔抓，以免感染。

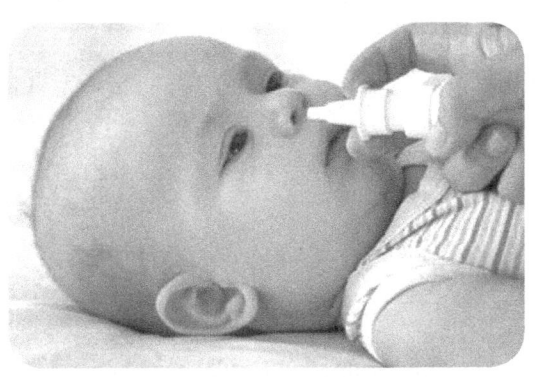
● 可涂抹无刺激性的润肤膏于患处

全棉衣物是湿疹宝宝的最好选择。宝宝的衣服不宜穿得太厚，衣着应宽松、轻软，床上被褥也应该是棉质的。

衣物、枕头、被褥等要经常更换，保持干爽。

避免宝宝接触羽毛、兽毛、花粉、化纤等过敏物质，奶爸奶妈也应注意不要穿丝、毛织物的衣服。

舒适的环境是促进湿疹好转的关键。室温不宜过高，否则会使湿疹痒感加重。

环境中要最大限度地减少过敏原，家里尽量不养宠物，如鸟、猫、狗等。室内要通风，不要放地毯，不要在室内吸烟。打扫卫生最好是湿擦，避免扬尘，或用吸尘器处理家里灰尘多的地方，如窗帘、框架等物品。

注意不要私自滥用药物，严重时一定要到专业医院就诊，接受专业治疗。

第二部分：食

科学喂养，打好宝宝一生的基础

当你怀抱着自己可爱的宝宝时，是多么热切地盼望宝宝快快长大，成为身体强壮、智力发达的宝宝，望子成龙是所有家长的心愿。在婴儿期，有许许多多的事情要做，但请不要忘了，在众多的事情中，宝宝营养是关键。

 科学喂养,打好宝宝一生的基础

宝宝的营养需求

医学把从出生到 1 周岁之前称为婴儿期，婴儿期是宝宝生长发育最快的时期，是完成从以纯乳类为营养到以其他食物为营养的过渡期，也是完成从子宫内生活到子宫外生活的过渡期。营养是影响儿童生长发育最重要、最根本的环境因素。婴儿对营养的需求有如下特点：

1. 所需要的各种营养素较成人相对大，消化、吸收、代谢功能尚未健全。
2. 七大营养素缺一不可。

● 婴儿所需的七大营养素

（1）蛋白质：是机体免疫防御功能的物质基础；来源于鱼、蛋、禽类、肉、奶、豆等食物。

（2）脂类：年龄越小，需要的脂类越多；脂类对神经系统发育非常重要；DHA促进视网膜的发育；婴幼儿爬行、走路需要消耗相当多的能量。

（3）碳水化合物：是热能的直接来源；维持正常的血糖。

（4）维生素：是调节物质代谢的主要成分；维生素A来源于鱼肝油、肝、蛋黄、深绿色和黄色蔬菜等；维生素C来源于新鲜的水果和蔬菜；维生素E来源于糙米、胚芽米、坚果、植物油等。

（5）矿物质：构成人体物质，调节生理生化。有增加免疫功能、预防贫血、抗病毒、解毒的作用。其中锌（Zn）来源于肝、肉、鱼、牡蛎、花生等；铁（Fe）来源于肝、蛋黄、血等；硒（Se）来源于肉类、海产品等。

（6）水：1周～1岁婴儿水的需求量：120～160毫升/千克（mL/kg）。

（7）膳食纤维：改善肠道功能；降低血脂、胆固醇。

● 母乳喂养能够加深母子感情

 宝宝吃母乳四大优点

1. 增强宝宝免疫力。母乳中，尤其是初乳含有大量宝宝需要的抗生素，能抗感染，让宝宝少生病或不生病。

2. 利于宝宝生长发育。母乳营养均衡、配比最佳，易于消化吸收。

3. 提供宝宝需要的心理营养。俗话说，母子连心。宝宝吮吸奶妈乳头的刺激，能增进奶妈对宝宝的抚爱、关爱、疼爱之情，宝宝通过吮吸母乳，与奶妈有切肤之温暖、切肤之亲近，既感到安全，又感到高兴。

4. 减少宝宝过敏现象。母乳安全、干净、无毒，无任何副作用，是天下新妈妈与生俱来的为宝宝提供的"安全粮仓"。且拥有天然的抗生素、抗病毒素等，故用母乳喂养可大大减少宝宝各种过敏现象的发生。

妈妈喂母乳三大利好

1. 促进身体早日康复。母乳喂养可帮助奶妈的子宫恢复，减少阴道流血，预防产后贫血，促进身体康复。同时，还有助于推迟奶妈再妊期等。

2. 减少患卵巢癌、乳腺癌的几率。科学家经过调查、统计和分析发现，将母乳喂养和非母乳喂养的新妈妈进行比对，凡使用了母乳喂养的新妈妈患卵巢癌、乳腺癌的几率要大大低于非使用母乳喂养的新妈妈们。研究表明，对孩子母乳喂养的时间长短是影响妇女患乳腺癌发病几率的重要因素，甚至超过了遗传因素。这项研究发现，妇女如果对自己的每个宝宝母乳喂养超过6个月以上，就可以降低5%的患乳腺癌几率，即使她们有乳腺癌的家族病史。

3. 促进体型恢复。坚持母乳喂养宝宝的妈妈与非母乳喂养宝宝的妈妈相比，减肥速度更快，效果更显著，能很快恢复到原来的身材。

● 母乳喂养有助妈妈恢复身材

 母乳喂养奶爸也受益

1. 减少奶爸经济开支。母乳比其他乳品成本更低廉，经济实惠，可减轻奶爸的经济压力。

2. 不影响奶爸休息。母乳喂养方便快捷、随吃随有，不用奶爸夜间起床配奶、喂奶，给奶爸省去了不少工作。

哺乳前奶爸该做两件事

哺乳前奶爸应协助奶妈用清水清洗双手及乳房，不要选择肥皂、酒精等刺激性物质擦洗奶妈双手及乳房。

协助奶妈取舒适的体位，可躺可坐。奶妈背后可用枕头或靠垫垫好，然后抱起宝宝，让宝宝侧躺于奶妈怀中。奶妈将拇指和食指分别放在乳房的上下方托起乳房，用乳头刺激宝宝的上唇，引起觅食反射。帮助宝宝含住乳头及大部分的乳晕（奶妈乳头大，应用食指或中指拖按乳房乳晕根部，以免影响宝宝呼吸，还可防止乳汁过多、过快，引起宝宝呛咳），当听到宝宝"咕咚、咕咚"的吞咽声时，表示宝宝吸吮、吞咽有效。

妈妈哺乳常用姿势

正确的哺喂姿势是成功哺喂母乳和预防乳房受伤的必要条件。因为奶妈不当的姿势，常常会造成身体紧张，以至于喂奶时不舒服。请奶爸协助奶妈采取以下几种姿势喂哺宝宝：

1. 摇篮式

奶妈坐着，背后可以加上枕头或靠垫，一手从宝宝背后抱住，让宝宝靠近乳房，另一只手挤压乳房，协助宝宝吸乳。

 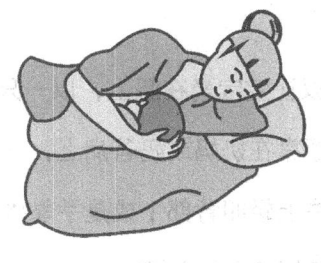 

● 摇篮式哺乳　　　　● 侧躺式哺乳　　　　● 橄榄球式哺乳

2. 侧躺式

对奶妈来说，侧躺式抱姿是最轻松的抱法，尤其是新手妈妈通常还没习惯宝宝的重量，采用这个姿势奶妈不容易累。

3. 橄榄球式

橄榄球式抱姿最适合剖腹产的妈妈，因为这个姿势不会轻易碰触到开刀的伤口，同样采用坐姿，不同的是把宝宝的脚夹在腋下，用一手的手掌托住宝宝的头、颈部，用手臂支撑宝宝身体。如果宝宝太小，身体太软，可以在下面垫一个小枕头，让宝宝更靠近乳房。

 坚持按需哺乳原则

对于新生儿来说，因为胃的容量以及身体的需要，宝宝们每隔1～1.5小时就有可能会需要进行哺乳，所以建议新生儿期（从出生至生后28天）每24小时至少哺乳8～12次。这对于建立妈妈的泌乳量和宝宝的生长都很重要，并且也是宝宝的最重要的需求。这时候，按需喂养非常重要。

当乳量增加后，宝宝睡眠时间逐渐延长，自然进食规律出现。随着年龄增大，两次哺乳间隔时间逐渐延长，生后2个月内昼夜7～8次，每2.5～3小时喂1次；3～4个月大约6次，夜间可减少1次。双侧乳房轮流喂哺。

喂完奶后学会拍嗝

给宝宝喂完奶后,可以让宝宝坐在腿上,以一只手托住他的下颌和前胸;也可以将宝宝抱直,其下颌靠在奶妈或奶爸肩上,一手抱住宝宝的臀部,另一只手手掌弓成杯状,由下往上轻叩背部;或是手掌摊平轻抚背部,直到宝宝打嗝排气为止。一般拍气时间以5分钟为宜。

注意不要太用力了,以免伤到宝宝。

给宝宝拍嗝的正确姿势

奶爸可以协助挤奶

有些妈妈奶水足,宝宝吃不完,需要挤掉一部分奶后,让宝宝吃上营养最好的中段奶,然后将剩下的部分奶也挤掉。科学挤奶方法如下:

1. 物品准备:吸奶器一个(也可直接手挤);数个消毒好加盖的透明储奶杯;数块干净的湿热毛巾。

2. 挤奶前准备:挤奶前奶妈、奶爸都需要彻底洗净双手。奶爸协助奶妈清洁乳房,让奶妈保持愉悦的心情,以促进乳汁分泌。将备好的湿热毛巾热敷双侧乳房3~5分钟,并轻轻地为奶妈按摩乳房。

3. 体位:尽量选择奶妈感觉舒适的体位,躺、坐、站均可。

4.方法：奶爸将消毒好的储奶杯放在靠近奶妈乳房的地方，协助奶妈身体略向前倾，嘱奶妈用手将乳房托起，拇指放在乳头根部的上方2公分左右（或乳窦上），食指放在乳头根部下方两公分处（与拇指相对），其他手指托住乳房。用大拇指和食指的内侧向胸壁处挤（以不引起疼痛为宜），必须挤压乳头后方，

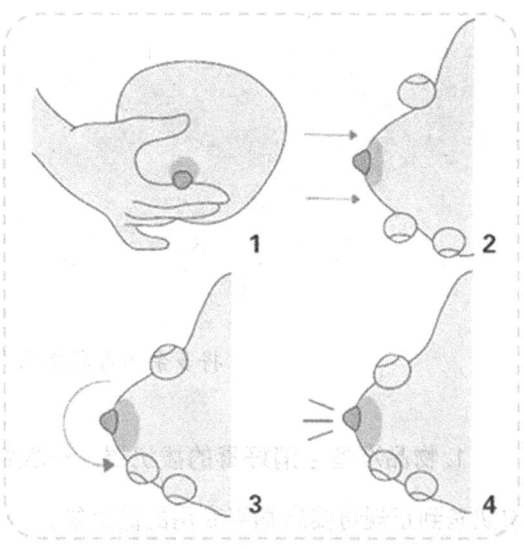

● 挤母乳的正确手势

这样就能挤在乳晕下方的乳窦上，然后有节奏地挤压及放松，并在乳晕周围反复转动手指位置，以便挤空每根乳腺管内的乳汁。

5.挤奶时间：每次挤奶时间一般为20分钟左右，每个乳房挤压3～5分钟，双侧乳房轮流进行，交替挤。

专家提醒

如果奶妈乳房感到疼痛就表示方法不对，要慢慢调整位置。从乳晕的不同部位轻轻挤压，让乳汁全部流出，若只挤压乳头，并不会让乳汁流出。

多余母乳挤出来储存

有的奶妈产假后需要回单位上班，为了不浪费母乳，并减轻奶妈由于奶胀带来的不适，奶妈可把奶水挤出来，然后储存起来带回家给宝宝吃。储奶方法如下：

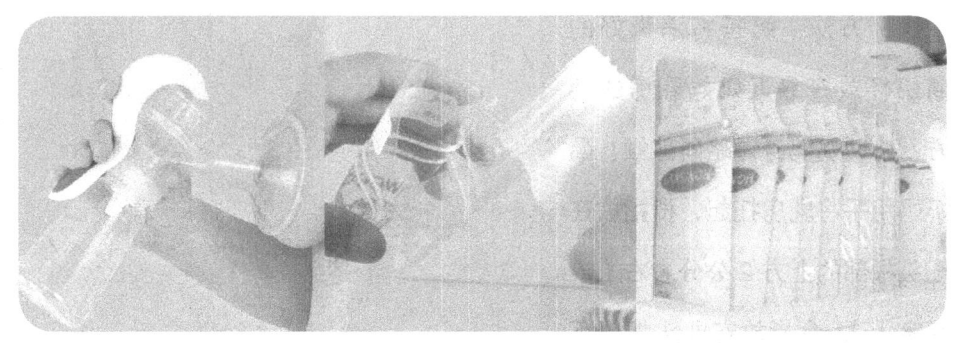

将多余的母乳挤出来用冰箱保存

1. 物品准备：消好毒的拔奶器、一次性母乳保鲜袋（储奶袋）数个。建议奶爸到正规母婴店购买专用的储奶袋。

2. 储奶方法：将储奶保鲜袋的封口剪掉或者撕掉，把拔奶器拔出的奶慢慢倒入袋子里面（根据宝宝每餐所需奶量进行分装，60～120毫升每袋不等），挤出袋内的空气后，将两层拉链封口一一封住。用笔在母乳保鲜袋上标明储存日期和时间，注意不要刮坏储奶袋。

3. 将装满母乳的储奶保鲜袋放进冰箱的冷藏室或冷冻室储存。

冷藏母乳注意有效期

在室温下，初乳可以存放12～24小时，而成熟乳则只能存放6～10小时。放在冰箱冷藏室内，成熟奶最多可以存放5天。将母乳存放于冰箱冷冻室，如果冷冻室与冷藏室共用一个门，约可存放2周；若不同门，则可存放3～4个月。有资料表明，如果使用独立的冷冻

成熟乳在室温中只能存放6～10小时

空间，在温度恒定（-18℃）下母乳可以存放 6～12 个月。

储奶袋解冻有讲究

从冰箱内取出储奶袋后，首先应在流动冷水下解冻，然后解冻后放在不高于 60℃ 的水中隔水加热，热好后装入消毒好的奶瓶，摇匀后喂给宝宝吃。切记不能使用开水或微波炉加热，以免破坏母乳中的营养成分。一个储奶袋只能使用 1 次，解冻后未喝完的母乳需丢弃，不可再次冰冻。

● 储袋奶解冻有讲究

解冻后但未加热的母乳，放在室温下 4 小时内仍可食用。如果是从冷冻室中取出，放于冷藏室 24 小时内可以食用，但切忌再放回去冷冻。用温水加热过的解冻奶，放在冷藏室 4 小时内仍可食用，也不可再次冷冻。

走出母乳喂养误区

误区一：6 个月以后母乳就没营养了

其实不然，一般应坚持母乳喂养 1 年左右，6 个月以后，是应在母乳喂养的基础上添加辅食，并不代表 6 个月以后母乳就没营养了。

误区二：奶妈感冒了不能喂母乳

感冒病毒并不通过乳汁传播，而是空气传播。如果奶妈没有发热，是可

妈妈如果发热就不要哺乳了

以坚持母乳喂养的，但是要注意做好防范，比如妈妈戴口罩或是把母乳挤出来用奶瓶喂养等方法。

误区三：乙肝妈妈的宝宝只能喝牛奶

研究发现，母乳喂养并不增加婴儿乙肝感染率。专家认为，如果奶妈在乙型肝炎病毒复制活跃期，应停止母乳喂养，但慢性乙肝及乙肝病毒携带者则不应杜绝母乳喂养。

误区四：乳房不涨了，乳汁不够了

其实是妈妈的乳房跟宝宝达到供需平衡了，所以乳房是软的。妈妈刚生完宝宝时，产奶荷尔蒙会骤然增高，产奶量比宝宝的需求要多，所以乳房常常发涨。随着宝宝需求的增大，妈妈和宝宝达到产奶供需平衡时，就不会那么涨了。这并不代表乳汁不够了。

宝宝衔不住乳头怎么办

宝宝衔不住乳头一般都是因为妈妈乳头过小、过短，造成喂奶困难。宝宝吸不到奶，反复多次，宝宝便容易烦躁、哭闹。

解决办法：

1. 每天用食指、中指、拇指三个手指捏起乳头，向外牵拉，每次拉20～30下，每天拉4～5次。

2. 用吸奶器吸引乳头，每次吸住奶头约半分钟，连续5～10次，每天重复2～3遍。

3. 让奶爸将乳头吸吮出来。

 宝宝咬破乳头怎么办

宝宝吃奶时会因为吸吮太用力,而出现乳头被咬破的现象,造成妈妈乳头疼痛,难以喂哺。

解决办法:妈妈每次喂奶后,挤少许奶水涂于乳头上,保护乳头,不要马上把乳头盖上,让乳头风干约15分钟。奶爸给妈妈清洁乳房时,不要用毛巾用力擦拭妈妈乳头,以免擦伤。若有皲裂,应及时治疗。

 哺乳期患上乳腺炎怎么办

在哺乳期间,特别是初产妇,常常会发生乳腺炎。乳腺炎是因为乳腺导管堵塞,乳汁淤积,细菌侵入后引起局部感染,出现局部红肿疼痛。

解决办法:

1. 保护好乳头,多让宝宝吸吮乳头,刺激奶妈分泌泌乳激素和催乳素,促进乳汁的排出。

2. 奶妈乳腺管未完全通畅时,不可过多地发奶,避免乳汁淤积。

3. 乳腺管通畅不佳时,及时寻求专业催乳技师的帮助。

4. 一旦发生乳腺炎,应尽早治疗。

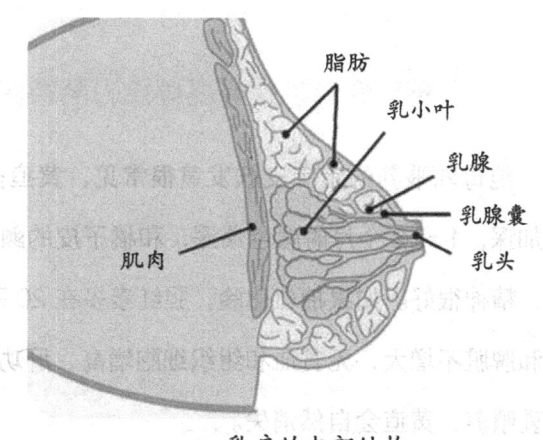

● 乳房的内部结构

母乳喂养奶爸应知应会

1. 奶妈哪些情况不宜喂奶

奶妈有乳腺炎、严重的心脏病、糖尿病、精神病、白血病、急性肝炎、艾滋病、梅毒或者有吸毒史者均不宜哺乳。若正在服用某种可以进入乳汁并对宝宝有害的药物，也不宜哺乳。尽管许多药物进入乳汁时的剂量很低，但它对宝宝的影响还是不可忽视。奶妈如果想使用某种药物，一定要和临床医师讨论，确保所服用的药物对宝宝无害。

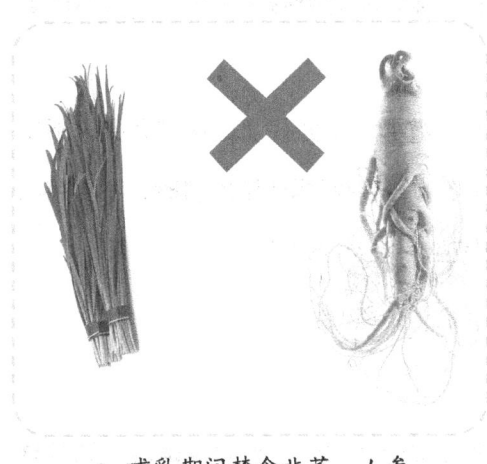

哺乳期间禁食韭菜、人参

2. 奶妈饮食禁忌

在哺乳期间，奶妈应避免食用抑制乳汁分泌的食物或药物（如韭菜、人参）、刺激性食物、油炸食物、易致过敏食物以及烟酒、药物等。

 母乳性黄疸是否要停止母乳喂养

纯母乳喂养的宝宝皮肤发黄很常见，黄疸多发生在出生后3～7天，逐渐加深，1～2个月时颜色最深，和橘子皮的颜色一样。此时宝宝一般能吃能睡，精神很好。如果抽血化验，胆红素多在20毫克/100毫升以下。宝宝的肝脏和脾脏不增大，无贫血和组织细胞增高，肝功能也正常，这种情况下可坚持母乳喂养，黄疸会自然消失。

母乳喂养的宝宝为什么会发生黄疸呢？多数学者认为母乳中含有一种特殊物质，能使宝宝肠道里的结合胆红素变成未结合胆红素，未结合胆红素容易被肠道吸收进入血液，导致宝宝血中的胆红素浓度增高，从而使皮肤变成黄色。

奶爸发现宝宝皮肤发黄，首先应该抱宝宝到儿童医院看医生，因为母乳性黄疸与其他能引起宝宝皮肤变黄的疾病容易混淆，如感染、溶血、肝炎等。医师能通过检查和化验把它们区别开来。医师如果确诊您的宝宝属母乳性黄疸后，就不必反复跑医院了。

母乳性黄疸一般不需要治疗。轻时可以继续吃母乳，重时，应该停用母乳，改用其他配方奶。停用母乳期间，奶妈要及时把乳房挤空，以保证母乳分泌，预防乳汁减少。因为黄疸是母乳引起的，所以停用母乳3～4天后，黄疸就会明显减轻。如果胆红素值有所下降，可以恢复母乳喂养，即使黄疸再加重，也不会达到原来的程度。以后随着月龄增长，黄疸会逐渐消失。如果停用母乳后黄疸没减轻，或反而加重，应立刻抱宝宝到儿童专科医院治疗。

夜间哺乳的方法

夜间可以在床上喂宝宝，既舒服又能保证宝宝和奶妈不受凉。天气凉时，奶爸记得为奶妈披上一件睡衣或毛衣。

宝宝睡前，奶爸可将晚上可能会用到的物品如奶瓶、尿布、水等，提前准备好放在卧室，方便夜间取用。

白天，奶妈应根据宝宝的睡眠时间，调整自己的休息时间。宝宝睡觉，奶妈休息。不然白天休息不好，夜间哺乳会很辛苦。如果奶妈太过劳累，也可以在白天储存部分母乳，晚上由奶爸给宝宝喂奶，保证奶妈充足的睡眠。

 **夜间哺乳注意事项**

新生儿期的宝宝夜间喂养是不可避免的，但是随着宝宝日龄的增大，奶妈们可以慢慢减少夜间喂养的次数，到 4 个月时，甚至可以戒掉夜间喂养的习惯。当然，这是个循序渐进的过程，奶妈及奶爸可以采取睡前喂饱（晚上 10 点至 11 点）、夜间哭吵时给予轻拍安慰、喂少量水等方法慢慢帮助宝宝戒掉夜奶。

宝宝的睡眠是有周期的，一个周期约 60 分钟，周期结束后容易醒来。如没有饥饿或刺激，很快会进入下一个周期。此时，奶爸不应立马将宝宝抱起喂养，可轻拍安抚，绝大部分宝宝能很快再次入睡。

夜间喂养应注意保持房间的安静及避免灯光刺激，室内光线应暗，并将响动减少到最小，尽量不要刺激宝宝，让其能安静地入睡。

不要让宝宝含乳头睡觉，一旦含着乳头睡觉，不仅会使宝宝养成不良的吃奶习惯，还会影响睡眠，影响乳牙的生长。甚至可能在奶妈疲劳时，熟睡翻身中，乳房压住宝宝鼻子，引起宝宝呼吸困难、窒息的发生。

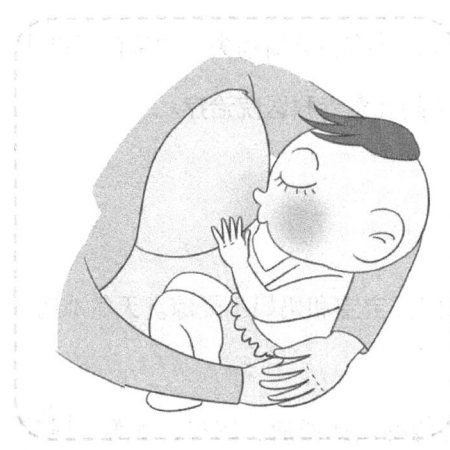
● 不要让宝宝含乳头睡觉

 人工喂养面面观

当奶妈因各种原因不能喂哺宝宝时，选用配方奶粉作为母乳替代品，称为人工喂养。

1. 人工喂养的优点

无论是奶爸还是奶妈或其他看护人员，都可喂养，利于奶妈月子期间的休息。奶妈工作忙或出差与宝宝分离一段时间也不用担心宝宝饿肚子。

2. 人工喂养的缺点

配方奶中没有母乳中所含的抗体；与母乳相比价格昂贵；如果消毒不彻底或不注意卫生，奶瓶、奶嘴和配方奶都有可能被细菌污染；对奶粉的配制和保存都有较高的要求。

 奶瓶选择攻略

奶瓶是宝宝喝奶必备的器具，在宝宝出生前准爸妈们就应购买好，但是面对市场上各式各样的奶瓶，该如何选择呢？

1. 看材质

奶瓶有很多种材质：玻璃、塑料、硅胶、陶瓷、不锈钢等。新生宝宝一般使用玻璃奶瓶比较安全。可以自己拿着奶瓶喝奶的宝宝，最好选择 ppsu 材质的奶瓶或者硅胶奶瓶。

● 可以自己喝奶的宝宝可选择硅胶奶瓶

2. 看容量

奶瓶一般有 120 毫升、160 毫升、200 毫升和 240 毫升四种规格的容量。0～1 个月可以选择 120 毫升的奶瓶，1 个月以上就要选择 160 毫升以上的奶瓶。亦可以根据宝宝大小或者宝宝平时一次奶量的多少来选择奶瓶。

3. 看口径

奶瓶有宽口径和标准口径之分，建议选择宽口径奶瓶，因为宽口径容易倒奶粉，标准口径倒奶粉就容易撒在外面，而且宽口径更容易清洗。

4. 看外观

一个漂亮的奶瓶会吸引宝宝的注意力,让他爱上奶瓶,特别是对于那些不爱喝牛奶的宝宝来说,漂亮的外观可以让他爱上喝奶。

5. 看透明度

要选择透明度好的奶瓶,可以看清刻度,能够准确知道宝宝是否喝完。而且优质的奶瓶透明度都很好,所以可以通过看奶瓶透明度来辨认奶瓶材质好不好。对于新生宝宝来说,吸入空气会引起打嗝,所以应尽量选择防胀气的奶瓶。防胀气的奶瓶可以减少宝宝胀气、打嗝、吐奶等症状。

6. 闻味道

选奶瓶的时候要把奶瓶打开,如果有强烈的刺鼻的气味,那么就说明材质不好,建议不要选择;如果只有轻微的正常气味或者无气味,那么可以放心购买。

> **专家提醒**
>
> 购买奶瓶时宜选择品牌产品,并根据宝宝的不同年龄选择不同材质的奶瓶,建议每半年换 1 次奶瓶。

奶嘴选择看细节

1. 奶嘴的孔型应该和宝宝的月龄相称。奶嘴孔型分很多种,不同的孔型与乳汁流量的大小有关。小圆孔是慢流量的,中圆孔是中流量的,大圆孔是大流量的,还有一种是十字孔,流量是最大的。月龄小的宝宝应该选择小一点孔的奶嘴,否则容易造成呛奶。如 1~3 个月的婴儿可选择圆孔的奶嘴,奶液能自动流出且流量较小。

2. 奶嘴的吸头最好选择形状近似母亲乳头的,中间弧度与乳房相似。

3. 挑选奶嘴时,一定要到正规的母婴店购买,并注意看厂家的商标和说明书。奶嘴的软硬要适中，材质最好是硅胶的。

不同的奶嘴类型、流量及适用液体一览

专家提醒

如果想知道奶孔的大小是否适中，可以在奶瓶里加水然后把奶瓶倒过来，观察水的流量，水成点滴状视为合适。建议每月换1次奶嘴。

 奶瓶的清洗及消毒

由于新生儿抵抗力差，不良的饮食用具极易引起新生儿各种感染，所以奶瓶的清洗及消毒很重要。奶瓶消毒方法如下：

1. 清洁：将我们所准备的奶瓶或者是使用后需消毒的奶瓶用奶瓶刷刷洗。

水中可以加入少许专用婴幼儿清洗剂或者直接使用清水也可以。

2. 消毒：清洗干净后放入专门给宝宝消毒奶瓶用的器皿中，如果是玻璃奶瓶应放入冷水中，塑料奶瓶应在水烧开后再放入，水的深度以淹没奶瓶为宜，等水开后煮沸10分钟左右即可。

3. 取出：消毒后使用干净的镊子或者筷子将奶瓶夹出，放入干净的大碗或盆中晾干备用。

 人工喂养选配方奶粉

配方奶粉又称母乳化奶粉，与普通奶粉相比，配方奶粉去除了牛奶中不适于宝宝吸收利用的成分，并添加了一些营养成分使之更接近母乳，甚至可以改进母乳中的铁含量过低等不足。

现在市面上有专门为早产儿准备的配方奶，有专门为对牛奶和豆奶过敏的婴儿准备的配方奶，有为代谢功能不良的宝宝准备的配方奶，也有不含乳糖的配方奶。对于一些特殊体质的宝宝来说，这些配方奶比普通配方奶更易消化。当然，如果不是医生推荐，您不必刻意选用这些特殊奶粉，用普通配方奶即可。特殊奶粉必须在医生的指导下食用。

专家提醒

选择什么样的奶粉最好还是要依宝宝的具体情况而定，看看宝宝对奶粉的反应。

 如何选择配方奶粉

1. 闻气味

奶粉应是带有轻淡的乳香气，如果有腥味、霉味、酸味，说明奶粉已变质。

脂肪酸败味——主要是由于奶粉加工时杀菌不彻底。脂肪氧化味——是奶粉中的不饱和脂肪酸氧化所致。陈腐气味和褐变——是奶粉受潮所致。假奶粉乳香味甚微,甚至没有乳香味。

2. 看颜色

奶粉应是白色略带淡黄色,如果色深或带有焦黄色为次品。奶粉包装完整,标识有商标、生产厂名、生产日期、批号、保存期限等。不同材料的包装,其保存期限不同。如马口铁罐密封充氮包装的保存期限为 2 年,非充氮包装的为 1 年;瓶装奶粉为 9 个月,袋装奶粉为 6 个月。假奶粉颜色较白,细看有结晶和光泽,或呈现出漂白色,或有其他不自然的颜色。

● 正常的奶粉应是白色略带淡黄色

3. 水冲调

取一勺奶粉放入玻璃杯内,用开水充分调和后,静置 5 分钟,水与奶粉溶解在一起。没有沉淀,说明质量正常;如有沉淀物,表面有悬浮物,说明已有变质,不要给宝宝吃。真奶粉需要搅拌才能溶解。假奶粉溶解迅速,没有天然乳汁的香味和颜色。其实,所谓"速溶"奶粉,都是掺有辅助剂的,而真正速溶的纯奶粉是没有的。

4. 尝味道

把少许奶粉放进嘴里品尝,真奶粉细腻发黏,以粘住牙齿、舌头和上颚部,溶解较快,且无糖的甜味(加糖奶粉除外)。假奶粉放入口中会很快溶解,不粘牙,甜味浓。

5. 凭手感

用手捏奶粉时手感应是松散柔软的。如果奶粉结了块,一捏就碎,是受了潮;若是结块较大而硬,捏不碎,说明已变质。塑料袋装的奶粉用手捏包装袋来回摩擦时,真奶粉质地细腻,会发出"吱吱"声;玻璃罐装的奶粉,将罐慢慢倒置,轻微振摇时,罐底应无粘着的奶粉。而假奶粉由于掺有绵白糖、葡萄糖等成分,颗粒较粗,用手捏住奶粉包装袋来回摩擦,会发出"沙沙"的流动声。

选择配方奶粉六要点

三聚氰胺、激素超标、重金属超标、黄曲霉素超标……国产婴儿奶粉事件不断,导致众多奶爸奶妈将目光投向了"洋奶粉"。可在洋奶粉风行之际,号称"纯净纯天然"奶源地的新西兰曝出"二聚氰胺"。到底什么是安全放心的奶粉?有没有客观标准来衡量?奶爸们怎样才能买到真正安全放心的奶粉呢?

1. 购买前仔细查看包装上的标签标识

按国家标准规定,奶粉在外包装上必须标明厂名、厂址、生产日期、保质期、执行标准、商标、净含量、配料表、营养成分表及食用方法等项目,若缺少上述任何一项,最好不要购买。

2. 查看营养成分表

合格的奶粉厂家会在营养成分表中标明热量、蛋白质、脂肪、碳水化合物等基本营养成分,维生素类如维生素 A、维生素 D、维生素 C、部分 B 族维生素，微量元素如钙、铁、锌、磷及添加的其他营养物质。

3. 不盲目追捧洋奶粉

应该选择规模较大、产品质量和服务质量较好的知名企业生产的奶粉，但是不要盲目追捧洋奶粉。高价格不等于高质量，

● 不要盲目追捧洋奶粉

虽然洋奶粉厂家为消费者提供了周到的服务，而且洋奶粉的包装、口味、溶解性确实比国产的好，但是，各国的婴幼儿配方奶粉都是根据自己的民族体质来研制的，最适合本国婴幼儿的生长发育。然而，各个国家的民族特性、生理结构、膳食习惯和生活环境不同，决定了配方奶粉在配方上存在一定的差别。比如，日本奶粉含锌低，欧洲奶粉含钙铁少，美国、欧盟国家、澳大利亚、新西兰等均未规定乳清蛋白在蛋白质中所占比例，而我国奶粉国家标准中规定了乳清蛋白比例，以适应中国宝宝的体格发育。

4. 了解奶源

奶源是奶粉的源头，是做婴儿奶粉最主要的原料，如果奶源的质量不好，不管用什么方法和工艺都没法弥补。如有些品牌为了迎合宝宝的口感在奶粉中添加香精；有的厂家自己没有养殖奶牛，完全从外面进口奶源，采购的都是大包干奶粉，其营养和卫生指标大打折扣。因此，奶爸们最好选择有足够的奶源基地的知名企业生产的奶粉。

5. 了解奶粉的生产工艺

一些洋品牌在国外是严格按照湿法工艺生产的，但是来到中国，就改用

了简单的干法工艺。国内正规的奶粉大品牌,都会坚持湿法生产,并采用世界流行的低温湿法工艺技术,保证了生产品质,生产出的奶粉营养均衡、口感新鲜。

6. 根据宝宝年龄选择合适的奶粉

奶爸在选择奶粉时要根据宝宝的年龄段来选择奶粉,0～6个月的宝宝可选用1段婴儿配方奶粉;6～12个月的宝宝可选用2段婴儿配方奶粉;12个月以上至36个月的宝宝可选用3段婴幼儿配方奶粉、助长奶粉等。

 配方奶粉的储存

1. 罐装奶粉

当奶粉罐被开封后,请储存在阴凉、干燥的地方。每次开罐使用后务必盖紧塑料盖。每次取完奶粉后把铁罐盖好,反过来扣着,这样奶粉会把盖口封住,有利于保存。当婴儿奶粉罐开封后,请在一个月内食用完毕。如果打开一个月后,仍有奶粉剩余的话,请把它扔掉。

2. 袋装奶粉

每次使用后要扎紧袋口,常温保存。为便于保存和取用,袋装奶粉开封后,最好存放于洁净的奶粉罐内,奶粉罐使用前用清洁、干燥的棉巾擦干,勿用水洗,以免生锈。如果使用玻璃容器盛装,最好是有色玻璃,切忌用透明瓶子。因为奶粉要避光保存,光线会破坏奶粉中的维生素等营养成分。

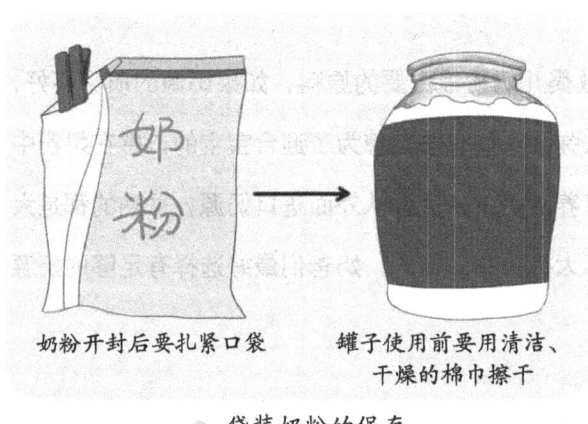

● 袋装奶粉的保存

3. 奶粉冲调后的储存

奶粉尽量现配现用。如果一次配制数瓶奶水，一定要将冲调好的奶水盖上盖子立刻放入冰箱内贮存，并应于24小时内用完。不要用微波炉热奶，以免局部过热的奶水烫伤婴儿口腔。

4. 奶粉不要冰箱保存

冰箱是密闭、低温、潮湿的小环境，而奶粉是极容易吸潮的。奶粉在冰箱中长期保存时，极容易受潮、结块、变质，从而影响饮用效果。因此，建议在开袋后用细绳把袋口扎紧，放置在室内通风、干燥、阳光照射不到的地方保存。只有液体状奶粉水或预混合的液体奶粉才可以储存在冰箱里。

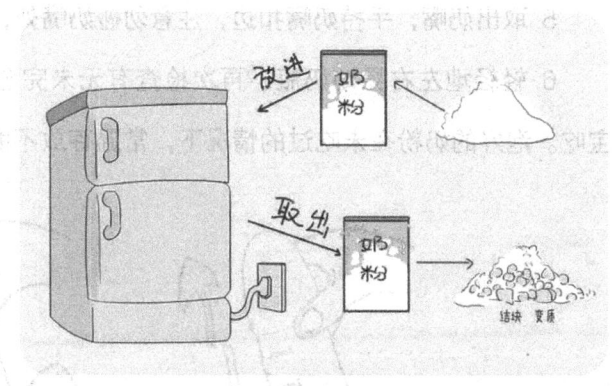

奶粉不要冰箱保存

奶粉配制六步曲

配制奶粉的正确方法是保证宝宝获得所需营养的关键，奶爸们配制配方奶时一定要注意用对方法哦！

1. 配制前需洗净双手，保持配奶台面的干净。

2. 用干净的双手取出奶瓶，手不能触碰瓶口，奶嘴可暂时放入干净的碗内。

3. 在奶瓶中注入所需的温开水（低于50℃），切记不能直接用开水配制奶粉。如果你不能把握温度，可以滴数滴水于手腕内测试温度，以不烫手为宜。

4. 用量匙按需要取出奶粉灌入奶瓶。严格按照产品说明书调制配方奶，一定要检查包装盒上是否有配方奶配制的方法（大部分配方奶为30毫升水兑一平勺奶粉），取奶粉时每勺为一平勺，可以用干净的筷子轻轻刮平。奶粉加入后需搅拌调匀，保证没有未溶解的奶块方可喂给宝宝吃。配方奶太稀会影响宝宝的营养摄入，而太浓的配方奶会导致宝宝脱水、腹泻情况，均影响宝宝健康，一定要注意配奶的浓度。

5.取出奶嘴，手持奶嘴扣边，注意勿碰奶嘴处，将奶嘴扣在奶瓶上旋紧。

6.轻轻地左右晃动奶瓶，再次检查有无未完全溶解的奶块，然后喂给宝宝吃。泡好的奶粉在未吃过的情况下，常温存放不能超过1小时。

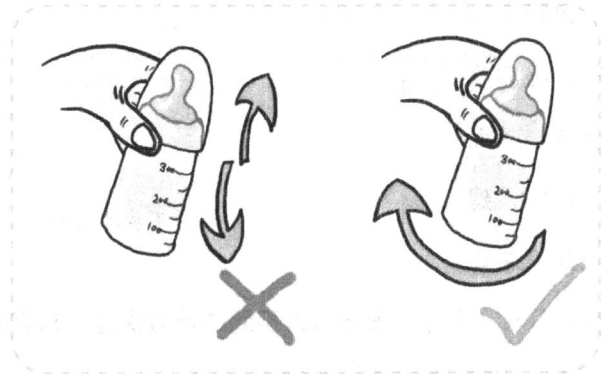

● 晃动奶瓶的正确方式

专家提醒

奶勺每次使用完后不宜放入奶粉袋或罐内，应拿出后清洗干净消毒后，放入干净的碗内或消毒柜内储存备用。

 宝宝也会对牛奶过敏

牛奶过敏，是指对牛奶中所含的蛋白质过敏。由于婴儿的免疫系统尚未成熟，因而相对于成年人，婴儿更容易对牛奶蛋白过敏。有3%左右的婴儿对牛奶蛋白质过敏。符合国家标准的牛奶，每100毫升中大约含有3克蛋白质，包括酪蛋白和乳清蛋白两种。这两种蛋白质都有可能导致过敏。当免疫系统误把正常摄入的牛奶蛋白质当成入侵的敌人时，就会引发一连串的免疫反应。导致宝宝出现呕吐、腹泻、皮肤红肿、哮喘等症状。

如何判断是否牛奶过敏

宝宝喝奶后长湿疹了、腹泻了、腹痛了……即使出现这些症状，奶爸们也不要轻易判断宝宝就是牛奶过敏了，那么，怎样才能做出准确判断呢？

怀疑宝宝对牛奶过敏，就应去看皮肤科医生，医生如果怀疑宝宝对牛奶过敏，就会给宝宝做皮肤试验、血液检查、排除－激发试验等。根据检查结果，医生可判断出宝宝对何种食物过敏。

牛奶过敏如何应对

1. 尽可能母乳喂养。因为母乳中的蛋白质对宝宝来说是同种蛋白，过敏性很低；母乳还含有双歧杆菌等益生菌，可帮助宝宝建立健康肠道菌群，训练宝宝的免疫系统，从而减低过敏的风险。世界范围内所有国际权威机构均建议，宝宝出生后至少应纯母乳喂养4～6个月。

2. 采取饮食排除疗法。宝宝出现牛奶过敏症状后，3～6个月内严格避免吃含牛奶成分的食物。普通配方奶、奶油蛋糕、面包、沙拉酱、牛初乳、奶糖、含奶饼干等都不能吃，直到"排除－激发试验"的结果转阴为止。所以，在超市给宝宝挑选食物时，一定要看清楚食物的成分。

3. 对于未能母乳喂养的、有过敏家族史的宝宝，首选大豆蛋白的配方奶粉或深度水解配方奶。深度水解蛋白配方奶通过特殊工艺将牛奶中引起过敏的大分子牛奶蛋白"切成"小碎片，使得宝宝可以直接吸收和利用，而不会诱发异常免疫反应。深度水解配方奶一般要吃 3～6 个月。因为牛奶蛋白过敏常在 6～12 个月后自行消失，此后可在医生的指导下让宝宝尝试喝普通配方奶粉。如果宝宝在密切监护下仍然有反应，应继续进行饮食排除疗法，使用深度水解蛋白配方奶；如果未观察到反应，宝宝可改为喝适度水解配方奶。

 何谓牛奶不耐受

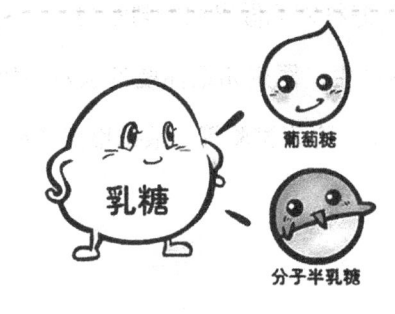

乳糖的分解

每 100 毫升牛奶中含有大约 4.5 克的乳糖。乳糖在人的小肠内被乳糖酶分解为葡萄糖和半乳糖之后才可以被吸收。婴儿通常都可以正常合成乳糖酶，因而可以消化吸收牛乳中的乳糖，但有极个别的宝宝由于小肠内缺乏分解乳糖的乳糖酶，因此，大量未经消化的乳糖直接抵达大肠，大肠内的一些细菌利用乳糖发酵，产生大量气体，则会导致腹胀、腹泻，以及放屁等症状。这种情况在医学上称之为牛奶不耐受。

 宝宝牛奶不耐受怎么办

1. 喝低乳糖奶

低乳糖奶是牛奶在加工过程中，加入安全的乳糖酶，将牛奶中的乳糖分解为更利于消化吸收的葡萄糖和半乳糖，使得牛奶中的乳糖含量下降，以降低牛奶不耐受发生的风险。

2. 用豆浆替代牛奶

豆浆中含有丰富的蛋白质，大豆蛋白是植物蛋白中唯一一个氨基酸组成接近人体需求的。换句话说，在满足人体蛋白质需求上，豆浆基本上跟牛奶一样高效。

3. 定期试饮牛奶

为了保证宝宝的营养需求，可以每3个月给宝宝小量试饮一次牛奶，随着宝宝对牛奶的适应程度升高，试饮间隔可以缩短为2个月、1个月……牛奶的饮用量也可逐步增加。

人工喂养的频次和奶量

新生宝宝胃容量很小，能量储存能力也比较弱，需要不断补充营养。因此，吃奶次数多，白天和晚上喂奶的间隔时间差别不大。随着日龄的增大，宝宝夜间吃奶次数逐渐减少，慢慢养成了白天吃奶、晚上不吃奶的习惯。

新生宝宝一昼夜的喂奶次数为7～8次，每次奶量70～80毫升，喂奶间隔时间为3小时左右，只是在后半夜会稍长些；当宝宝2周后喂奶次数为5～6次，每次100～120毫升。

宝宝2～3个月时每日喂奶6次，每次120～150毫升，每次喂奶的时间间隔延长到3.5～4小时，在后半夜可为5～6小时。

宝宝4～5个月时每日的喂奶次数依然为5～6次，不过每次的奶量增长到150～200毫升，后半夜有时可免哺乳。

5～6个月的宝宝，每日的喂奶次数维持在4～5次，每次奶量200～250毫升；这段时间可以开始为宝宝添加辅食，因而此后的奶量不宜再增加。

1岁左右时，宝宝每日吃3餐，哺乳2～3次即可。

人工喂养的程序

1. 洗净双手。

2. 配奶。

3. 测试奶温。将奶瓶倒置,让配制好的乳汁滴在手臂内侧皮肤上,以不烫手为合适温度。

4. 让宝宝取舒适体位。将宝宝抱起放在双膝上保持半坐位姿势,让宝宝的头斜枕于奶爸的左臂。

● 每次哺乳时间约20分钟为宜

5. 喂奶。奶爸右手拿着奶瓶进行喂哺,喂奶时奶瓶要始终保持倾斜,使奶嘴一直处于充满奶液的状态,以避免宝宝吸奶时吸入过量的空气,减少溢乳的发生。现在市面上有一种带有吸管的奶瓶,可避免宝宝吃奶时吸入空气。每次给宝宝的哺乳时间约20分钟为宜,不宜超过30分钟。

6. 拍嗝。在喂完奶后,将宝宝竖抱,轻拍其背部,将吃奶时吸入的空气排出。

分辨宝宝饱饿情绪表现

宝宝吃饱的表现有:

1. 吃奶漫不经心,吸吮力减弱。

2. 有一点动静就停止吸吮,甚至松开奶嘴,寻找声源。

3. 用舌头把奶嘴抵出来,再放进嘴里,然后又抵出来,再试图把奶嘴放进嘴里。他还会转头,不理你。

宝宝饿了的信息有:

1. 饥饿性哭闹。

2. 用小嘴找奶嘴。

3. 当把奶嘴送到嘴边时,他会急不可待地衔住,满意地吸吮。

4. 吃得非常认真,很难被周围的动静打扰。

 吃配方奶的宝宝需科学补水

奶量的计算可按宝宝月龄和体重计算,每日每千克体重需要 100～120 毫升牛奶。

1 岁以下宝宝每日每千克体重需水 120～160 毫升。额外补水量等于每日每公斤需水量减去每日每公斤体重的供奶量,在两次喂奶间隙喂给宝宝白开水、果汁或菜汁等。

喂水量应随天气的变化和宝宝体质的差异而不同。夏天应增加喂水的次数,宝宝口渴,尿量太少也应增加喂水次数及喂水量。配方奶的标准浓度是参照母乳浓度制定的,理论上说也可以和喂母乳一样不用喂水,因此需要奶爸在实际喂养过程中酌情应对。

 谨防过度喂养

过度喂养在人工喂养宝宝中普遍存在。较多研究指出奶瓶喂养是儿童超重和肥胖的危险因素。

宝宝每天该喝多少配方奶不仅取决于他的体重,还要考虑他的年龄。奶爸们可视宝宝的饥饿情况而定,每个宝宝的需要和口味都不一样,而且大多数宝宝每一天、每个月的需求和口味都在变化，所以重要的是你要学会了解宝宝给出的饱、饿信号。

人工喂养的宝宝吃奶时间一般间隔为2~3小时。如果你配制过多的奶粉宝宝无法吃完时，不要试图硬逼宝宝吃完，这种做法很容易引起宝宝摄入过多奶量。如果宝宝出现奶后经常吐奶（比正常多），或者小肚肚在软软的情况下比较膨隆，或者体重超标，那多半是他吃得太多了。

有些奶爸担心宝宝饥饿或吃不饱，所以冲调比说明书更浓的配方奶，这会超出宝宝的肾溶质负荷，使宝宝出现口渴而哭闹，导致过度喂养。

> **专家提醒**
>
> 夜间宝宝一哭奶爸即喂，会导致宝宝夜间吃奶的次数越来越多，将养成不好的夜间吃奶习惯。

如何判断宝宝是否吃饱

配方奶喂养过少很容易引起宝宝营养不良，当宝宝迅速喝完你给他的配方奶，并四处找更多东西吃的时候，你会明白他还没有吃够。如果你的宝宝在喝完第一瓶奶后，仍表现出很饿的样子，那么你可以根据他的日龄再准备5~30毫升奶，不够的话再添。如果你再次准备多了，宝宝喝不完，就浪费了。

制止打嗝小妙招

因为新生宝宝的胃呈水平位，胃容量小，每次吸吮奶量过多、过快或吸入空气，以及喂完奶后体位不当都可能引起宝宝打嗝。

解决办法:

1. 给宝宝进行喂养时要注意将奶瓶适度倾斜,让奶嘴中充满奶汁,防止宝宝在吸吮的过程中摄入过多的空气。

2. 喂奶时将宝宝抱在怀中让其处于一个倾斜的体位,不能将宝宝平躺着喂奶,这样很容易引起吞咽困难,甚至窒息。

3. 宝宝刚吃完奶后不要频繁搬动他,较强的刺激容易引起胃内食物反流并刺激引起打嗝。

4. 喂奶过程中,注意观察宝宝吸吮的情况,避免宝宝吸吮过快,导致吸吮吞咽不协调。

5. 每次喂完奶后拍嗝。

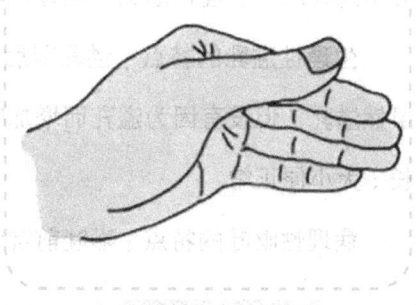

● 拍嗝要用空心掌

 减少吐奶七原则

1. 适量喂食,切勿过多。

2. 少量多餐,以减少胃部所承受的压力。

3. 每次喂奶中及喂奶后,让宝宝竖直趴在大人肩上,轻拍宝宝背部,这个动作可将吞入胃中的空气排出,以减少胃的压力。

4. 喂奶时不要太急、太快,中间应暂停片刻,以便宝宝的呼吸更顺畅。

5. 奶瓶开孔要适中,开孔太小则需要大力吸吮,空气容易由嘴角处吸入口腔再进入胃中;开孔太大则容易被奶水淹住咽喉,阻碍呼吸气管的通路。

6. 在喂食完毕后,不要让宝宝马上平躺,先把上半身挺直坐一会儿,并轻拍其背部。在躺下时,也应将宝宝上半身垫高一些,最好是右侧卧,这样胃中的食物不易流出。

7. 在喂食之后，不要让宝宝有激动的情绪，也不要随意摇动或晃动宝宝。

 宝宝的溢乳与呕吐

对于宝宝来说，生理性溢乳、病理性呕吐都会出现相同的症状，那就是将吃下的奶吐出。而正因为这些不同的原因造成十分相似的症状，让不少奶爸分不清吐奶、生理性溢乳、病理性呕吐的区别。

生理性溢乳的特点：溢乳前后宝宝没有任何不适表现；每次溢乳量不多；虽然溢乳，但没有因为溢乳而增加吃奶量和次数；没有因为溢乳而影响体重增长；大小便正常。

病理性呕吐的特点：呕吐前宝宝有不适感觉，表情不快，脸憋得通红，有时哭闹，哼哼，给奶不吃，难以用奶头制止宝宝的哭闹；呕吐的奶量往往比较多，有时成喷射状，除了有奶液外，可有胆汁样物、胃液及奶块等，气味发酸，甚至酸臭；吃奶量显著减少或增加；体重增长缓慢，宝宝显得有些干瘦，缺乏精神，

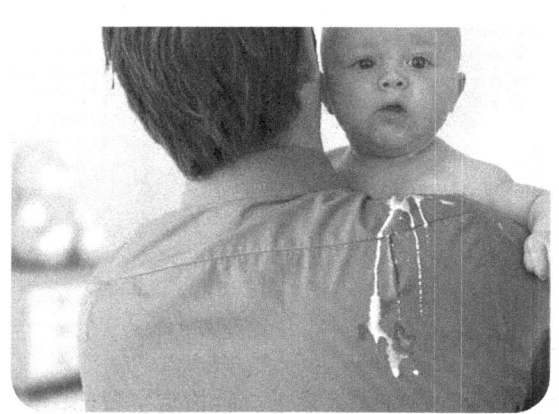

● 奶爸要注意区分宝宝吐奶的症状

大便不正常，或次数少而每次的量多，或次数增多，大便性质不正常，往往伴有腹胀。

 宝宝口臭莫忽视

一般情况下宝宝是不会有口臭的，有的只是一股淡淡的奶香味。一旦发现宝宝有口臭，奶爸们要引起注意：先看口腔，查看有没有口腔出血、渗血。

血液是个培养基，可使细菌繁殖，细菌分解时产生的异常气味，会造成口臭。最常见的引起口自臭的原因有：

1. 喂奶后没有用软棉签蘸温开水洗口腔，如果是这种情况，只要注意宝宝的口腔卫生就可以了。2. 如果宝宝呼吸出的是烂苹果味，要考虑是否肝脏有问题，应马上去医院检查治疗。3. 因为奶粉中添加了蔗糖等蛋白质较多的东西，容易造成营养物质过剩，会引起宝宝消化不良。4. 如果是上火引起的口臭，应多喝些水。在冲奶粉时，可以在奶粉里面放点奶伴，有清火作用，但不建议长期吃。平时要注意多给宝宝喝水，多吃水果和蔬菜。

 宝宝便秘莫惊慌

造成宝宝便秘的原因主要有：1. 奶粉的原料是牛奶，牛奶中含酪蛋白多，钙盐含量也较高，不能吸收的棕榈酸和硬脂酸结合钙质形成钙皂所致宝宝肠道中粪便过硬。2. 配方奶粉中添加了各种营养素，有些宝宝的肠胃不适应某种奶粉，以至于喝了特定品牌的奶粉后就便不出来。3. 便秘一般与宝宝的肠胃功能有关，每个宝宝的体质是不一样的。4. 水与奶粉比例不当，也可引起便秘。5. 另外，由于蛋白质中酪蛋白比例较大，不易消化和吸收而形成便秘。

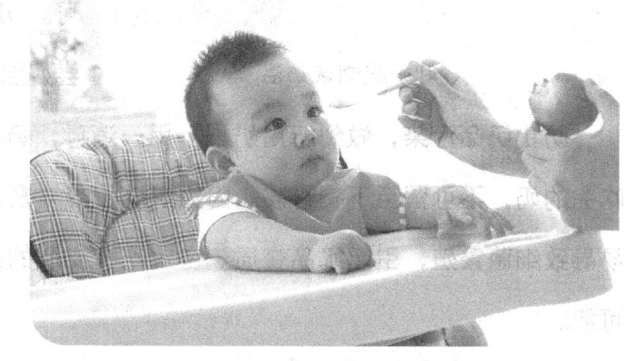

● 宝宝多吃蔬果防便秘

为了避免宝宝便秘，奶爸应给宝宝多喝水，多给宝宝吃蔬菜水果，尽可能母乳喂养或者选择接近母乳的配方奶粉。

人工喂养的注意事项

人工喂养应严格按照配方奶的比例配制奶水,不可人为地增加或减少浓度。喂奶时要使宝宝保持安静,集中注意力,不可让宝宝边吃边玩耍。切不可在喂奶时逗引宝宝,以防笑闹时,奶汁呛入气管。宝宝哭吵时,也应停止送奶,不可强行喂养,否则有引起呛奶窒息的危险。除特殊情况外,一般应将宝宝抱起喂奶,需要卧位喂奶时,也应将床头抬高,并将宝宝的头转向一侧。

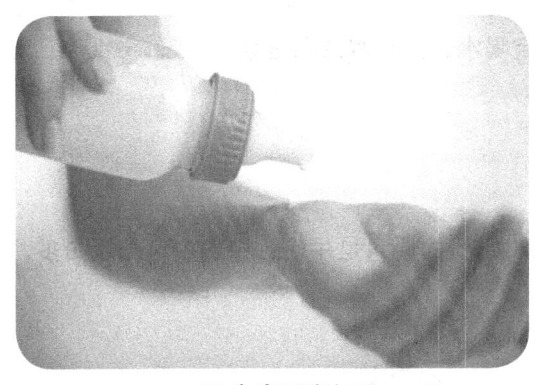
● 用手腕测试奶温

奶液的温度要掌握好,太热会引起口腔黏膜的烫伤,太凉会致宝宝食欲下降,甚至呕吐。配奶者测试奶温时,可将奶液滴几滴于手腕,手腕皮肤感觉不烫则可。切不可用大人的嘴来直接品尝奶温及奶味。

防止奶品污染,做到所用奶具一用一消毒,奶品也应新鲜配制,一次没吃完的奶,不可留至下餐再吃。因为奶液营养丰富,不洁的奶瓶与剩奶很容易导致细菌繁殖,引起奶品变质。宝宝吃了变质的奶,会有腹泻甚至中毒的可能。

 ## 辅食添加的理想年龄

对于宝宝来说,添加辅食是一个重要的适应阶段,因为它代表着宝宝从婴儿时期的单一饮食向成人饮食踏出了一大步。而大部分的营养及儿科专家认为,在婴儿4~6个月时添加辅食是最理想的,因为这个阶段是添加辅食的敏感期,而且在这个阶段的宝宝,无论胃肠道、神经系统及肌肉等都发育较快,由于生长发育迅速，单纯母乳喂养也越来越不能满足宝宝生长发育的需要，因此要按时有规律地添加辅食。过早添加固体食物，对宝宝的生理功能会造成不良的影响，因为宝宝的消化器官还没有发育成熟，消化能力有限，固体食物会给宝宝幼嫩的胃肠道和肾脏带来不必要的负担，影响宝宝的健康。因此，添加辅食也是一个循序渐进的过程。

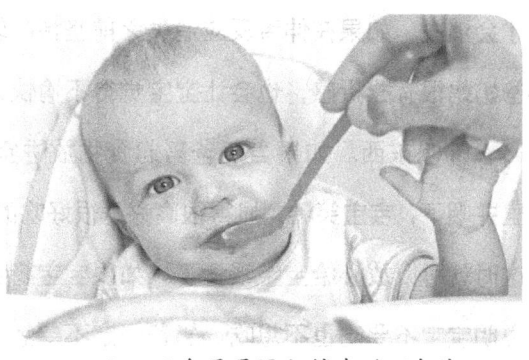

● 4～6个月是添加辅食的理想期

添加辅食的六项指标

1. 体重。宝宝体重需要达到出生时的2倍，至少达到6千克。

2. 吃不饱。比如说宝宝原来能一夜睡到天亮，现在却经常半夜哭闹，或者睡眠时间越来越短，每天母乳喂养次数增加到8～10次或喂配方奶粉1000毫升，但宝宝仍处于饥饿状态，一会儿就哭，一会儿就想吃。当宝宝在6个月前后进入生长加速期时，是开始添加辅食的最佳时机。

3. 发育。宝宝能控制头部和上半身，能够扶着物体或靠着坐，胸能挺起来，头能竖起来，宝宝可以通过转头、前倾、后仰等来表示想吃或不想吃，这样就不会发生强迫喂食的情况。

4. 行为。如别人在宝宝旁边吃饭时，宝宝会感兴趣，可能还会来抓勺子、抢筷子。如果宝宝将手或玩具往嘴里塞，说明宝宝对吃饭有了兴趣。

5. 伸舌反射。奶爸刚给宝宝喂辅食时，可能宝宝会把刚喂进嘴里的东西吐出来，以为是宝宝不爱吃。其实宝宝这种伸舌头的表现是一种本能的自我保护，称为"伸舌反射"，说明喂辅食还不到时候。伸舌反射一般到4个月前后才会消失。如果在伸舌反应消失之前坚持喂辅食，一味地硬塞、硬喂，不仅奶爸奶妈很有挫折感，也会让宝宝觉得不愉快，不利于良好饮食习惯的培养。

6.吃东西。如果当奶爸舀起食物放进宝宝嘴里时，宝宝会尝试着舔进嘴里并咽下，宝宝笑着，显得很高兴、很好吃的样子，说明宝宝对吃东西有兴趣，这时就可以放心给宝宝喂食了。如果宝宝将食物吐出，把头转开或推开你的手，说明宝宝不要吃也不想吃。奶爸一定不要勉强，隔几天再试试。

辅食添加的原则

1.从一种到多种

要按照宝宝的营养需求和消化能力逐渐增加食物的种类。刚开始时，只能给宝宝吃一种与月龄相宜的辅食，待尝试了3～4天或一周后，如果宝宝的消化情况良好，排便正常，再让宝宝尝试另一种，千万不能在短时间内一下子增加好几种辅食。

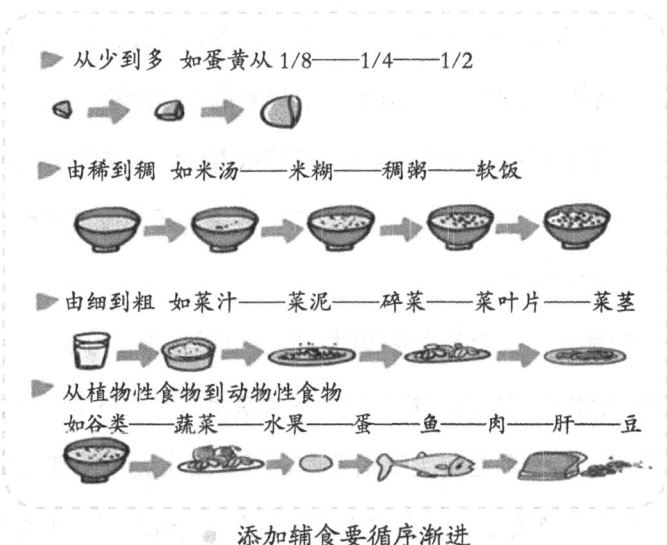

添加辅食要循序渐进

而且这样做还有一个好处,即宝宝如果对某一种食物过敏,在尝试的几天里就能观察出来。若是吃后的几天内没发生不良反应,则表明宝宝可以接受这种食物。如果怀疑宝宝对某种食物过敏,不妨1周后再喂1次,要是接连出现2～3次不良反应,便可认为宝宝对这种食物过敏。

2. 从稀到稠

宝宝在开始添加辅食时,都还没有长出牙齿,因此奶爸只能给宝宝喂流质食品,逐渐再添加半流质食品,最后发展到固体食物。如果一开始就添加半固体或固体的食物,宝宝肯定会难以消化,甚至腹泻。应该根据宝宝消化道的发育情况及牙齿的生长情况逐渐过渡,即从菜汤、果汁、米汤过渡到米糊、菜泥、果泥、肉泥,然后再过渡到软饭、小块的菜、水果及肉。这样,宝宝才能吸收好,才不会发生消化不良。

3. 从细小到粗大

宝宝食物的颗粒要细小,口感要嫩滑,因此菜泥、果泥、蒸蛋羹、鸡肉泥、猪肝泥等"泥"状食品是最合适的。这不仅锻炼了宝宝的吞咽功能,为以后逐步过渡到固体食物打下基础,还让宝宝熟悉了各种食物的天然味道,养成不偏食、不挑食的好习

● "泥"状食品最适合宝宝

惯。而且,"泥"中含有纤维素、木质素、果胶等,能促进肠道蠕动,容易消化。

另外,在宝宝快要长牙或正在长牙时,奶爸可把食物的颗粒逐渐做得粗大,这样有利于促进宝宝牙齿的生长,并锻炼宝宝的咀嚼能力。

4. 从少量到多量

每次给宝宝添加新的食品时,一天只能喂一次,而且量不要大。比如加蛋黄时先给宝宝喂 1/8 个,3～4 天后宝宝没有什么不良反应,而且在**两餐**之间无饥饿感、排便正常、睡眠安稳,再增加到半个蛋黄,以后逐渐增至整个蛋黄。

5. 不适要立刻停止

宝宝吃了新添的食品后,奶爸要密切观察宝宝的消化情况,如果出现腹泻,或便里有较多黏液的情况,就要立即暂停添加该食品,等宝宝恢复正常后再重新少量添加。但奶爸应了解,宝宝在刚开始添加辅食时,大便可能会有些改变,如便色变深,呈暗褐色,或便里有尚未消化的残菜。

6. 流质或泥状

通常宝宝在开始添加辅食时,都还没有长出牙齿,因此流质或泥状食品非常适合宝宝消化吸收。但不能长时间给宝宝吃这样的食品,因为这样会使宝宝错过发展咀嚼能力的关键期,可能导致宝宝在咀嚼食物方面产生障碍。

● 辅食要食材新鲜、现做现吃

7. 不能以辅食替代乳类

如果在宝宝 6 个月以内便减少母乳或其他乳类的摄入,这种做法很不可取。因为宝宝在这个月龄,主要食品还是应该以母乳或配方奶粉为主,其他食品只能作为一种补充食品。

8. 食物鲜嫩可口

奶爸在给宝宝制作食物时,不要只注重营养,而忽视了口味,这样不仅会影响宝宝的味觉发育，为日后挑食埋下隐患，还可能使宝宝对辅食产生厌恶，从而影响营养的摄取。辅食应该以天然清淡为原则，制作的原料一定要鲜嫩，不要添加味素和人工色素等，以免增加宝宝肾脏的负担。

9.愉快心理

奶爸可能很重视宝宝从辅食中摄取的营养量，却往往忽视培养宝宝进食的愉快心理。奶爸在给宝宝喂辅食时，首先要为宝宝营造一个快乐和谐的进食环境，最好选在宝宝心情愉快和清醒的时候喂食。宝宝表示不愿吃时，千万不可强迫宝宝进食，因为这会使宝宝产生受挫感，给日后的生活带来负面影响。

 辅食安全讲究多

如今市面上有很多的婴幼儿辅食食品，例如米粉、果泥等，而很多家长更迷恋于国外的婴幼儿食品。其实，并不是国外的才是最好的，只有适合宝宝的才是最好的食品。奶爸在选择这些食物时一定要选择经过认证、不含添加剂的，并且成分无糖、无盐、不易引起宝宝过敏的食品。如果自己有足够的时间和精力最好自己做给宝宝吃，但是应注意在给宝宝制作辅食时不要添加油脂、糖、盐及其他调料；不要使用铜、铝等锅煮宝宝的食物；尽量单独给宝宝制作食物。

● 辅食尽量不要添加调味品

 **添加辅食四忌**

1. 忌添加时间过早

刚离开母体的宝宝,消化器官很娇嫩,消化腺不发达,分泌功能差,许多消化酶尚未形成,此时还不具备消化辅食的功能。如果过早添加辅食,会增加宝宝消化功能的负担,消化不了的辅食不是滞留在腹中"发酵",造成腹胀、便秘、厌食,就是增加肠蠕动,使宝宝便便量多、次数增加,最后导致腹泻。因此,出生4个月以内的宝宝忌过早添加辅食。

2. 忌添加时间过晚

4个多月的宝宝,对营养、能量的需求量增加了,光吃母乳或奶粉已不能满足其生长发育的需要。此时,宝宝的消化器官功能已逐渐健全,味觉器官也发育了,已具备添加辅食的条件。另外,此时孩子从母体中获得的免疫力已基本消耗殆尽,而自身的抵抗力正需要通过增加营养来产生,此时若不及时添加辅食,宝宝不仅生长发育会受到影响,还会因缺乏抵抗力而导致疾病。

3. 忌辅食过多

宝宝虽能添加辅食了,但消化器官毕竟还很柔嫩,不能操之过急,应视其消化功能的情况逐渐添加。如果任意添加,同样会造成宝宝消化不良或肥胖。让宝宝随心所欲,要吃什么给什么,想吃多少给多少,又会造成营养不平衡,并养成偏食、挑食等不良饮食习惯,所以辅食添加过多、过滥同样也是不合适的。

4. 忌辅食过细

有的自制辅食过于精细,使宝宝的咀嚼功能得不到应有的训练,不利于其牙齿的萌出和萌出后牙齿的排列,食物未经咀嚼也不会产生味觉,既激发不了宝宝的食欲,也不利于味觉的发育,面颊发育同样受影响。这样长期下去,宝宝的生长当然不会理想,还会影响大脑智力的发育。

周岁内宝宝辅食清单

1～3个月：食物应当以母乳为主。

4～6个月：单一口味的水果和蔬菜泥、一阶段婴儿米粉、蛋黄泥、米糊、奶糊等，以补充热量、蛋白质、钙、铁、纤维素及维生素A、B、C等。

6～8个月：混合口味的各种水果和蔬菜泥、二阶段婴儿米粉、豆腐泥、藕粉等，以增加热量、动物蛋白、铁、锌、及维生素A、B等。

8～12个月：混合口味的各种水果和蔬菜泥、三阶段婴儿米粉、肉泥、肝泥、稠粥、面条泥等，补充热能、矿物质、蛋白质、维生素、纤维素，训练咀嚼功能。

常见辅食的制作

奶爸在为宝宝制作食物时，首先应根据需要购买一些必要的制作工具，比如食物研磨器、榨汁机、过滤网、小锅等等。

1. 蔬菜、水果汁

3～4个月的宝宝，我们可以给他添加一些蔬菜及水果汁，让他感受一下除牛奶以外的食物味道。可以选

● 做辅食前准备好一些小工具

择青菜、番茄、胡萝卜、黄瓜、苹果、香蕉、梨等。将选择好的蔬菜水果洗净，胡萝卜去皮，用干净的刀切成小块。为了防止维生素的流失，青菜最好在烧开水以后放入焯一下再放入榨汁机榨成汁液，然后用过滤网过滤后倒入奶瓶；胡萝卜需煮熟后再榨汁过滤；番茄及黄瓜洗净后直接榨汁过滤即可。

2. 水果泥

5～7个月的宝宝可以吃泥状的食物了，我们可以选择像苹果、梨、香蕉等比较温和的水果。苹果和梨可以直接洗净后用勺子慢慢刮成泥状食用或者可以用小锅蒸煮熟透后压挤成泥状给宝宝吃。香蕉泥的制作就比较简单了，选择一个成熟的香蕉用勺子或研磨器压成泥就可以了。给宝宝制作果泥时一定要选择成熟、无污染的水果，现做现吃。

● 小米红枣粥

3. 小米红枣粥

7～10个月的宝宝可以制作一些粥类食用了，而小米红枣粥是个不错的选择。首先，将小米洗净后用清水泡泡，红枣用小刀划开取出核后和小米一起泡半小时。然后，选择一个大小合适的电砂锅洗净，插上电；将泡好的小米和红枣水倒入，等待几个小时后稍冷却就可以食用了。最好选择晚上将电砂锅通电煮沸，这样宝宝早上就可以食用美味的小米红枣粥了。

4. 鱼泥

7～10个月的宝宝还可以选择制作鱼泥。取新鲜鱼一条，去鳞后放入锅中清蒸，蒸的时间为10～15分钟，然后取鱼肚上的鱼肉，去除鱼肉内的鱼刺，将鱼肉撕开，用研磨器研碎后拌进清粥中或直接食用。鱼泥制作时一定要仔细去除细小鱼刺，以防宝宝被鱼刺卡住。

5. 青菜面条

10～12个月是我们锻炼宝宝咀嚼能力的关键期，这个时候就可以给他喂食一些需要咀嚼的食物了，面条、稀饭、碎菜都是不错的选择。但是需要注意的是这个时期的食物仍然要细软。可以将宝宝面条折成小段放入锅中煮沸后直接食用,也可以在煮好的面条内加入煮烂的青菜或者碎肉、蛋黄等。

培养良好的饮食习惯

在宝宝慢慢适应多种辅食后就可以慢慢培养他的饮食习惯了。如果一开始你能给宝宝养成良好的饮食习惯,注意喂饭的时间、方式以及餐具,那么在以后的日子宝宝的喂养就会很简单了。

1. 喂饭的时间

在喂养宝宝的过程中掌握好宝宝进食的规律,慢慢摸索宝宝喂养的时间,在宝宝大一点后可以用小餐桌和家人一起进食。不要随意改变宝宝的进餐时间和进餐量,从而形成良好的进食规律。避免养成边看电视边喂饭或者边追边喂的坏习惯。

2. 喂饭的准备

在给宝宝喂饭前尽量不要给宝宝喂食水果或者其他零食,收掉玩具,洗手,将宝宝放入宝宝餐椅内,使用宝宝专用的餐具。

3. 用食物的形状及颜色吸引宝宝

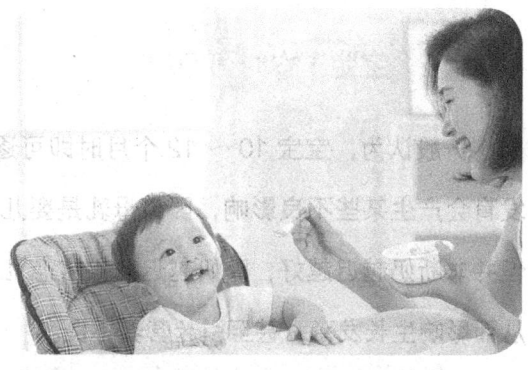
将宝宝放在专用餐椅内用餐

可以将食物做成可爱的图形及比较鲜艳的颜色,吸引宝宝的注意。同时要营造舒适的进食环境。在喂饭的过程中可以和宝宝多多交流,用比较形象的语言吸引宝宝进食。

4. 不能强迫宝宝吃饭

如果宝宝烦躁不安、把头转向一边、闭着嘴甚至吐饭的时候就不要继续喂饭了。强迫进食很容易引起宝宝对事物的反感，如果他不想进食时可以暂时停止喂食。当然，如果宝宝精神反应不好，较长时间不喜进食，那就要去看医生。

5. 以身作则

宝宝喜欢模仿家长的一些做法，奶爸自身积极的饮食态度也可提高宝宝的进食欲望。同时，吃饭时不要逗乐宝宝，也不要训斥宝宝，以免引起呛咳。

6. 注意安全

2岁以内的宝宝因咀嚼吞咽能力还不是很完善，所以应避免喂食如花生、瓜子、豆子等颗粒状的硬质食物，以免出现呛咳，发生气管内异物。

● 颗粒状食物容易造成宝宝呛咳

 宝宝1岁时可断奶

一般认为，宝宝10～12个月时即可逐渐断奶。过早断奶对宝宝的生长发育会产生某些不良影响，因为母乳是婴儿最理想、最安全的天然营养食品。但并非断奶越迟越好，断奶越迟，宝宝恋乳心理越强，不愿吃饭和进食辅食，从而影响生长发育，甚至引起营养不良。

一般情况下，宝宝在10～12个月时已可以逐渐适应母乳以外的食品，胃内的消化酶日渐增多，肠壁的肌肉也发育得比较成熟，这个时候是断奶的最好时机。奶爸们可以在这个时间段让奶妈给宝宝断奶。而且断奶不仅仅是奶妈和宝宝的事，奶爸们也将起着关键的作用。当然，如果奶妈的乳汁多，宝宝又愿意吃辅食，可以将母乳的时间延长至1.5～2岁。

专家提醒

给宝宝断奶的最好季节是春季和秋季,因为春秋两个季节,生活方式和习惯的改变对宝宝的健康影响较小。冬夏季不宜断奶,因为冬天天气寒冷,宝宝抵抗力差,易患呼吸道感染等疾病;夏季炎热,宝宝胃肠功能减弱,更换食物容易出现消化不良,并且气温高,细菌易繁殖,稍不注意饮食卫生,就可引起胃肠道疾病。

给宝宝断奶的注意事项

1. 断奶前应做好心理准备

断奶前,宝宝、奶爸、奶妈均需提前做好心理准备。首先,奶妈要从心理上接受宝宝断奶后自身可能会产生一定的失落感。因为断奶后宝宝可能不会像以前那样依赖奶妈了。这时候,奶爸们就更需要多关注宝宝和奶妈的心理、情绪等各方面情况,帮助宝宝和奶妈顺利度过断奶的这段时间。

2. 断奶宜循序渐进

有的奶妈在没有任何准备的前提下给宝宝采取"快速断奶"法,结果奶妈和宝宝都非常难受,奶妈因乳房胀痛没法坚持,宝宝因依恋母乳不能自拔,最后导致断奶失败。奶爸应督促奶妈从宝宝8个月起,逐渐减少哺乳次数,增加牛乳和辅食。比如以前白天吃3次母乳,则改为2次母乳,

● 断奶期间要多关注宝宝的情绪

加1次牛乳；1～2天后，改为白天喂1次母乳，喂2次牛乳；再过几天改为白天全部喂牛乳，只有晚上喂母乳；再往后，改为白天和晚上临睡前都喝牛乳，只有半夜吃母乳1次；最后，完全断掉母乳。断奶能否一举成功，还有待奶爸强有力的支持哦！

3.断奶前减少宝宝对奶妈的依赖

● 增加奶爸和宝宝相处的时间有利断奶

减少宝宝对奶妈的依赖，奶爸作用不容忽视。准备断奶前，就需开始逐渐减少宝宝和奶妈的接触时间，增加奶爸和宝宝相处的时间，让宝宝慢慢接受奶爸，对爸爸产生信任。断奶应先从临睡前及夜间的奶开始断起。大多数宝宝都有睡前吃奶的习惯，这时候就需要奶爸及家人的积极配合。睡觉时，改由爸爸来哄睡觉，妈妈避开一会。刚开始宝宝肯定会哭闹一番，但是坚持几次，宝宝觉得没想头了，就会慢慢适应了。

4.断奶时不要给宝宝"软暴力"

在这里要特别提醒奶爸们，断奶前不要让奶妈和宝宝玩"躲猫猫"的游戏。有的奶爸误以为宝宝见不到奶妈，自然就不会想吃奶妈的奶，便把宝宝送到外婆家或奶奶家，几天甚至好久不见宝宝。这种做法极为不妥，因为长时间的母子分离，会让宝宝缺乏安全感，特别是对母乳依赖较强的宝宝，因看不到妈妈会产生焦虑情绪，甚至拒绝吃东西，不愿与人交往，烦躁不安，哭闹剧烈，睡眠不安，甚至还会生病、消瘦。

5.断奶期间要培养宝宝的良好习惯

断奶期间,妈妈可能会对宝宝的不适应产生不忍心的心理,从而导致断奶失败。这时,就需要奶爸们出马,坚守原则,理性地对待。因为有了之前建立起来的宝宝对爸爸的信任,当宝宝哭闹时,由爸爸出面来安抚,宝宝就会比较容易听从。

6.保证断奶期间的营养,做好辅食的添加

断奶期间的配方奶尽量选择口味清淡、接近母乳口感的奶粉。断奶期间应适度增加辅食,合理安排好每日的辅食;逐渐锻炼宝宝的咀嚼能力,促进牙齿的发育。

专家提醒

有的奶爸奶妈误以为往乳头上涂墨汁、辣椒水、清凉油之类的刺激物,宝宝闻到或看到这些刺激物,就会断了吃奶的念头。其实不然,当宝宝闻到或看到这些可恶的东西时,只是不敢靠近奶妈的乳房,但是心里仍然会依恋母乳,而且还会因闻到这些刺激物而难受,甚至因恐惧而拒绝吃东西,从而影响了身心健康。有的性子急的宝宝,在妈妈没有防备的情况下,可能会突然吸吮乳头,导致宝宝嘴唇甚至口腔受刺激而引起剧烈疼痛。

正确回乳减轻奶妈痛苦

有的奶妈在给宝宝断奶前乳汁仍很多,如果突然给宝宝断奶,奶妈的乳房会剧烈胀痛,甚至引起乳腺发炎。有的奶爸误以为不让奶妈喝汤水,或用毛巾勒住奶妈胸部,用胶布封住乳头就能回乳。显然,这样做违背了生理规律,只会给奶妈带来诸多不适和痛苦。

回乳的主要方法有自然回乳和人工回乳两种。一般来说,哺乳时间较长的,如宝宝已经近1岁或1岁以上的,可以使用自然回乳方法,即逐渐减少哺乳次数就可达到回乳的目的。如果因疾病或特殊原因需尽快断奶者,可采用人工回乳方法,如用生麦芽煮水喝,或在医生的指导下服用退乳药。

 宝宝适当生病可提高抵抗力

许多家长因为宝宝经常出现感冒发烧等小毛病,就要求医生开一些增强抵抗力的免疫制剂或者私自服用一些保健药品来增强抵抗力。这个做法是不可取的。

人体是一个统一的有机体,机体免疫系统维持着动态的平衡。正常人的免疫力是不需要靠保健品,更不需要靠药物来提高的,尤其是小宝宝。免疫系统不是天生就完善的,是靠后天逐渐建立起来的。每当病原自由微生物侵入人体,免疫系统就把信息贮存起来,以防下一次的感染,并能对这种病原微生物发动较为有力的进攻。所以,适当生病不全是坏事,宝宝的每一次发烧感冒都是对免疫力的良好刺激,不用担心宝宝生一两次病就是免疫功能有问题。宝宝处在生长发育过程中,自身的免疫系统在不断发育和完善,家长为了宝宝少生病,而盲目地应用一些保健药品,会减少因感染而产生抗体的机会,抵抗力反而易减弱。

只有天生或者因疾病造成的免疫功能低下的人才需要免疫治疗,否则,人为的干扰,会使人体的自稳态失去平衡,会发生免疫功能失调,有可能出现免疫功能过低或过强。而且,许多保健品中是含有激素的,宝宝的发育过程中大量激素摄入,还会造成性早熟等现象。

对宝宝而言,与其吃一些增强抵抗力的保健品还不如均衡膳食补充营养,保证优质蛋白质的摄入,多吃新鲜水果和蔬菜,多去户外呼吸新鲜空气,多晒太阳,是最好的免疫调节剂。

第三部分：住

为宝宝创造舒适的成长环境

良好的环境是宝宝成长成才的必要条件。父母要想培养出聪慧的子女，就必须为其创造一个良好的成长环境。这主要包含三方面的内容：第一，良好的文化环境；第二，真挚的情感环境；第三，舒适的物质环境。前两点是宝宝成长的软环境，固然对宝宝的成长非常重要，而物质环境是宝宝成长最基本的条件，同样不容忽视。本章着重介绍物质环境。

为宝宝创造舒适的成长环境

宝宝卧室巧布置

1. 卧室宜朝南向阳

宝宝从妈妈温暖恒定的子宫来到多变的外界环境中,他们就如同一棵破土而出的幼苗,需要精心细致的保护。父母要为宝宝安排适宜的居室环境,促使他们逐渐适应新的外界生活,健康地生长。

宝宝卧室最好选择朝南向阳的房间。因为朝南的房间阳光充足,冬暖夏凉。

2. 卧室光线要柔和

宝宝的卧室宜光线柔和,避免强光刺激。因为宝宝在黑暗的子宫内生活了近10个月,刚刚出生的宝宝对外界强烈的光线很不适应,所以经常闭眼。房间内的彩灯,尤其闪烁的彩灯是噪光,对宝宝的视觉及大脑的发育均不利。宝宝睡觉前应拉上窗帘,以减低光线的强度。

● 宝宝卧室宜光线柔和

3. 房间装饰简洁明快

宝宝的房间装饰要简洁、明快,可吊挂一个鲜艳的大彩球及一幅大挂图,以刺激宝宝的视觉发育。房间的物品也应摆放有序,方便妈妈照顾宝宝使用。不能让宝宝住在刚装修过的房间,以免有毒物质的挥发引起中毒。

4. 居室冷暖适宜

宝宝在妈妈子宫内的环境温度是37℃的恒温,出生后体温调节中枢还不够稳定,外界环境温度的改变(过热或过冷)会影响宝宝的体温而造成不良后果。因此,新生宝宝房间的温度应保持在20℃～25℃,湿度应在55%左右。

冬季,为保证宝宝居室内湿度适宜,可在地面上洒水,或在室内挂些湿毛巾以维持室内的一定湿度。

夏季,宝宝的居室要凉爽通风,既要防止中暑,又要避免吹过堂风。宝宝的小床应摆放在不受阳光直射的位置,以免直射的阳光刺激宝宝的眼睛。

5. 居室温馨避免噪声

噪声除了影响睡眠外,还会影响宝宝听觉器官的敏感性,对大脑也是一种恶性刺激,容易使宝宝情绪波动。为了给宝宝创造一个祥和的生活环境,居室周围应保持安静,避免嘈杂喧闹。在宝宝的视线内可以布置些色彩鲜艳的图画,悬挂一些玩具,还可

● 宝宝卧室内可布置一些鲜艳的画和玩具

以播放优美、柔和的轻松音乐。

 居室空气清新

由于宝宝对外界病菌的抵抗能力很弱,因而要特别注意室内环境的清洁。

1. 每天要用湿润的扫帚、拖布清扫地面，用干净的湿布擦拭桌椅、台面，以减少室内的尘土。

2. 不能在宝宝的居室内吸烟，并应避免众多亲朋好友的探视，以免造成空气污染。

3. 开窗通风，即使在冬季也要定时开窗，每天至少开窗通风2次。

宝宝与父母同居一室

刚出生的宝宝最好和爸爸妈妈同居一室，既安全又温馨，又便于奶爸照顾宝宝，融洽亲子关系。但是床铺再大，宝宝也要单独睡在自己的小床上，不要和爸爸妈妈同睡一张床。因为爸爸妈妈太辛苦了，晚上睡熟了翻身可能会压到小宝宝。但是爸爸和妈妈一定要能够看到宝宝、听到他的声音，而且随时可以摸到他、安抚他。

● 宝宝最好和爸妈同室不同床

创建宝宝娱乐室

喜欢玩乐是所有宝宝的天性，他们最为可贵的地方也正是他们可以无忧无虑地玩耍，如果家里有空房间或是宝宝房间较大，奶爸们不妨顺从自己未泯的童心，为自己和宝宝打造一个共同的娱乐天地，成为彼此沟通的桥梁。

小宝宝能在铺上爬爬垫的娱乐室自由地爬行,是他们感到非常美妙的事;宽大的空间可摆放各种各样宝宝喜爱的玩具,供宝宝快乐地玩耍,这对宝宝智力的开发、体质的强健具有重要意义。

宝宝的世界永远奇奇怪怪,充满了想象。大宝宝会想在家里露营,想象自己身在战场,忽然自己又变成了一个挖掘机司机,还想在家里玩滑滑梯等等。

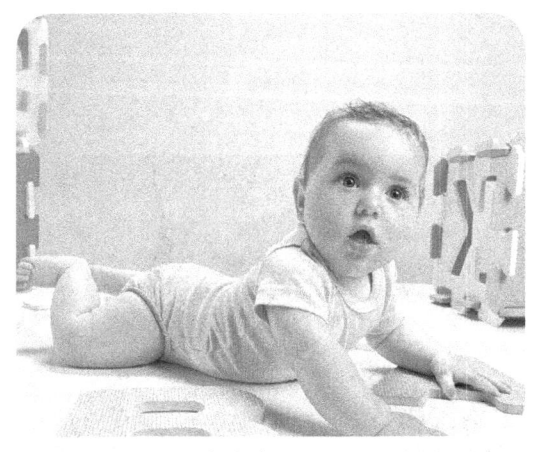
● 宝宝喜欢在地上自由爬行

总之,对于宝宝来说,家里如果有一个自己的娱乐室那就是享受,如果有很多玩具那就是天堂了。如果你的房子有足够的空间,不妨给宝宝一个自由发挥和"为所欲为"的空间,让宝宝身在其中会收获到很多连你都想象不到的成果。

给宝宝一个舒适安全的小床

宝宝出生后就应该单独睡自己的小床,并且持之以恒,这对宝宝的生长发育和养成宝宝不依恋妈妈睡眠的良好习惯,培养宝宝的独立生活能力和坚强自立的性格具有重要意义。为了宝宝的舒适,奶爸在婴儿床的布置上要下工夫。

1. 挑选木质的婴儿床

婴儿床的材质应环保,无异味,因为新生宝宝大多数时间都是躺在婴儿床上,所以床的材质很重要,纯木的婴儿床相对健康些。床的尺码应根据家居环境的大小而定。床围应尽量选择纯棉加海绵的质地,这样才比较坚挺厚实,不易磕碰宝宝。

2. 检查床的结构是否稳固

床边要圆滑，床栏柱位的距离及床板的承受力要合适，宝宝小床的栏杆要高于 60 厘米，以防宝宝摔下来，栏杆的空隙应该在 2.5～6 厘米之间，间隙过小容易困住宝宝的胳膊和腿，空隙过大孩子的小脚容易滑出来。

3. 婴儿床的安置点要安全

宝宝的小床要远离窗户、电热器、暖气等，条件允许可在宝宝床边铺上厚厚的地毯，以免宝宝摔下来受伤。宝宝的小床宜放在妈妈的床边，便于观察宝宝的异常情况及进行生活照料，如喂奶、换尿片、盖被褥等。

添置婴儿床玩具

新生宝宝还不会玩玩具，但奶爸可将玩具挂起来，以供宝宝"欣赏"。玩具颜色要鲜艳，最好能发声。

具体方法：

在小床的床头上方挂一些红、蓝、黄色的彩球或玩具，在宝宝醒来时用来训练宝宝的视觉、听觉和头、眼的协调能力，对宝宝的智力发育很有好处。

将音乐吊饰挂在宝宝的床旁可以吸引宝宝的注意力，悦耳的音乐声可以给宝宝带来愉悦感。

专家提醒

1. 不要在宝宝床上放置毛绒玩具或大型的玩具，以免压在宝宝身上发生窒息的危险。

2. 玩具不能挂得离眼太近，并且要经常改变位置，以免引起斜视。

宝宝的床上用品以纯棉为好

宝宝的床上用品，通常是实用性与安全性更重要于美观性。奶爸在购买时，要把握住这一原则，才不会对宝宝的身体或健康造成伤害。

宝宝的床上用品自然以纯棉为好，被褥应该用质地柔软、保暖性好、颜色浅的棉布做成，不要用合成纤维或尼龙织品，因为这些化纤织物不吸水、透气性差，还容易产生皮肤过敏反应。

要为宝宝多预备几套床上用品，以方便宝宝在床上吃喝拉撒时，能有足够的后备可供替换，宝宝床上用品要经常洗晒，保持清洁卫生。

注意床上的棉被或毯子不能脱线，以免宝宝的手脚被这些线缠住。宝宝的小床垫不要太软，最好使用棉质毯子和被子，不要使用羽绒被。

宝宝床单讲究多

可以为宝宝预备3～6条棉质床单，以方便清洗、快干、不需整烫为原则。假如不想床单随着宝宝的扭动而弄得一团乱，你可以买尺寸较大的床单，以便可以将床单反折到床垫下，也可以将床单的四个角打结后塞到床底下，还可以在床单的四个角上缝制松紧带，这些都是解决床单乱跑的好方法。

宝宝的枕头不宜过高

对于刚出生的宝宝来说，可以不用枕头，因为宝宝脊柱是直的，没有生理弯曲，不安放枕头也一样睡得舒服，即使用枕头也宜较低，内放少许棉胎即可，或用毛巾折叠当枕头用。万万不可用米袋或沙袋给宝宝做成枕头用。因为宝宝的头颅骨尚软，容易变形、睡成扁头，还会把枕部的头发磨掉出现枕秃，而误以为宝宝得了佝偻病。

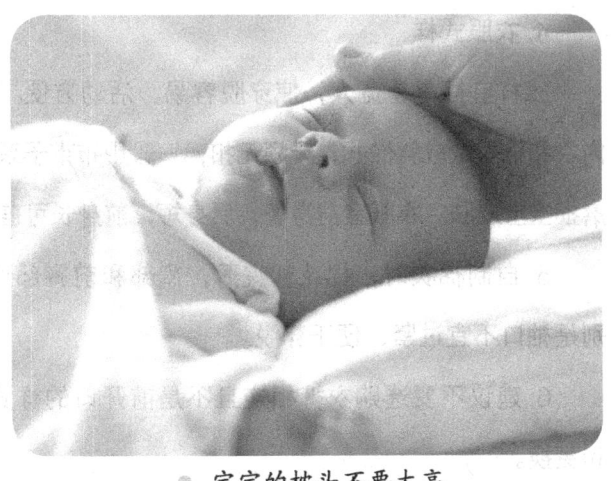
● 宝宝的枕头不要太高

穿着衣服六项注意

宝宝的衣服不必准备得太多，也不必量身定做，但必须是纯棉的，宽松、舒适，透气性好，易脱易穿。

1. 布料质地

宝宝皮肤娇嫩，出汗较多，应选择具有吸湿性、透气性、柔软性、保暖性能好、对皮肤没有刺激和洗涤方便的布料；以浅色的纯棉布或纯棉针织品为宜；冬季棉衣棉裤中的棉花要保持松软，不宜过厚。

2. 衣服色彩

应选择明快、活泼的色彩，如粉红、浅蓝、浅绿、奶白、米色等，不含荧光成分。色彩特别鲜艳的服装，通常甲醛含量特别高，而深色的服装经过与宝宝皮肤的摩擦，易使染料脱落渗入皮肤。因此，应特别注意宝宝服装的色彩，不宜过于鲜艳，也不宜过于深色。

3. 衣服气味

不宜选择有浓烈刺激气味的服装。

4. 衣服式样

式样宜简单、宽大，使穿脱容易、活动方便。衣服上不要多余的装饰物，内衣和棉衣做成斜襟式，无领无扣，一般用布带子系在侧面。衣缝应向外，以免磨损宝宝皮肤。衣服宜前身长，后身短，前身长可盖住肚子；后身短，以防尿湿。

5. 自制棉衣时，棉花絮宜薄，肩部和前胸部可稍厚，棉上衣要宽大，特别是袖口不宜过紧，便于穿脱。

6. 建议不要选购衣裤相连且不是前开口的样式，因这种样式不便于穿脱和更换。

给宝宝穿衣服有讲究

给新生宝宝穿衣服可不是件容易的事，宝宝全身软软的，又不会配合穿衣的动作，往往弄得奶爸奶妈手忙脚乱，所以给新生宝宝穿衣服是有讲究的。

1. 将衣服平放在床上，让宝宝平躺在衣服上，将宝宝的一只胳膊轻轻地抬起来，先向上再向外侧伸入袖子中，将身子下面的衣服向对侧稍稍拉平。

2. 抬起另一只胳膊，使肘关节稍稍弯曲，并将小手拉出来，再将衣服带子系好就可以了。

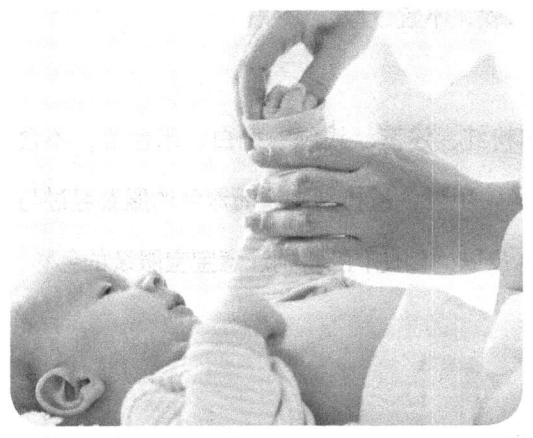

● 给宝宝穿衣动作要轻柔

3. 穿裤子时大人的手从裤脚管中伸入，拉着宝宝的小脚，将裤子向上提，即可将裤子穿上。

4. 穿连衣裤时，先将连衣裤解开口子，平放在床上，让宝宝躺在上面，先穿裤腿，再用穿上衣的方法将手穿入袖子中，然后扣上所有的纽扣即可。

宝宝的新衣服宜先洗后穿

新购买的宝宝衣服一定要先洗,因为看上去鲜艳漂亮的衣服,在制造过程中可能会加入荧光剂等添加物,会对宝宝的健康不利。衣服清洗干净后,挂在太阳下晾晒,可起到紫外线消毒的功效。建议奶爸奶妈不要为了贪小便宜而选购便宜的衣服,尽量挑选有品牌的衣服。

宝宝的衣服与成人衣服宜分开洗

因为成人的活动范围广,衣物上的细菌更是"百花齐放",同时洗涤细菌会传到宝宝的衣服上。这些细菌对大人无所谓,但宝宝的皮肤娇嫩,稍不注意就会引发皮肤问题。所以要将宝宝的衣服和大人的衣服分开洗,避免交叉感染,而且宝宝的内衣最好用单独的盆手洗。

● 宝宝的衣服最好单独手洗

宝宝的衣服要用洗衣液洗

宝宝的贴身衣服直接接触宝宝娇嫩的皮肤,而洗衣粉碱性比较大,不适宜用来洗宝宝的衣服,且洗衣粉容易残留化学物,可能会使宝宝皮肤粗糙、发痒,甚至引发接触性皮炎、湿疹等。洗衣液不仅能彻底清洁污渍而无残留,并且能减少对衣物纤维的损害,从而保持衣物柔软。购买洗衣液时应注意选择有信誉的品牌。

清洗污垢要在第一时间

宝宝的衣服上沾有奶渍、果汁、菜汁是司空见惯的事,弄脏了就马上洗,是保持衣物干净如初的有效方法。如果等一两天,脏物深入纤维,花上几倍的力气也难洗干净。另外,也可以将衣服用苏打水浸泡一段时间后,再用手搓,效果也不错。洗净污渍,只是完成了洗涤程序的三分之一,漂洗也很重要。要用清水反复过水洗两三遍,直到水清为止,否则残留在衣物上的洗涤剂对宝宝有危害。

清洗宝宝衣服慎用漂白剂

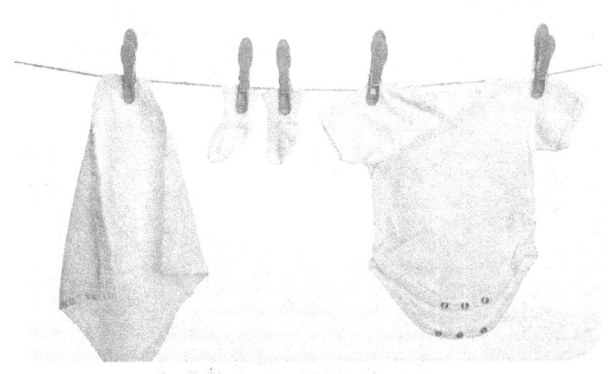

● 衣服的最佳晾晒时间是上午十点到下午三点

漂白剂对宝宝的皮肤极易产生刺激,且进入人体后不易排出,长期接触皮肤会引起不适,如起疹子、发痒等。同时,漂白剂会使宝宝衣服褪色,影响衣服的美观。

阳光是天然的杀菌消毒剂,没有副作用,且不需要经济投入。因此,宝宝的衣服清洗后,可放到通风、阳光充足的地方晒一晒。衣服的最佳晾晒时间是上午十点到下午三点。

巧做棉质小尿布

新生宝宝的尿布要求吸水性强、柔软、便于洗晒,适合宝宝夏天和白天使用。尿布可以自己制作,也可以购买。家庭用的尿布最好用吸水性好、柔软、浅色、耐洗的纯棉布料制作,尿布不宜太厚或过长,以免长时间夹在腿中间造成下肢变形。尿布的形状有正方形和长方形两种，正方形尿布为60cm×60cm，长方形尿布为60cm×40cm，一般折叠4～5层。建议家庭一般备30～40条尿布，便于洗涤、更换。尿布在宝宝出生前就要准备好，使用前要清洗消毒，在阳光下晒干。

棉质尿布要勤换勤洗

棉质尿布经济实惠，有利于健康，但要勤更换。只有做到勤更换才能保持宝宝局部皮肤清洁、干爽。不建议晚上使用棉质尿布，因为晚上更换尿布会影响宝宝、奶爸、奶妈的睡眠，而且家里还要有人力清洗尿布，宝宝更换过勤，洗尿布也是个不小的"工程"。

每次大小便后，宝宝的尿布最好即刻清洗。小便尿布先用热水浸泡片刻，再用清水洗净，拧干，再用开水烫一遍。大便尿布则先用凉水清洗，用刷子将尿布上的大便洗刷掉，再用婴儿中性肥皂或洗衣液擦在尿布上，然后用开水冲烫，待水冷却后搓洗干净，直至尿布上无大便的黄色痕迹为止，最后用清水冲净。

如何选择一次性纸尿裤

尽管棉尿布经济，但建议冬天和晚上最好使用纸尿裤。

现在市场上的纸尿裤已经相当完备，不同尺寸的，针对男宝宝、女宝宝的都有。奶爸可以参照包装上的标示购买。购买时还应注意尺码，纸尿裤的腰

● 建议晚上给宝宝使用一次性纸尿裤

围要紧贴宝宝腰部,胶贴贴于腰贴的数字指示1至3之间比较合适,如胶贴贴于3号指示上,说明纸尿裤尺寸小了。还要检查大腿部橡皮筋的松紧程度,若太紧,表示尺码过小,若未贴合在腿部,表示尺码过大。要选择吸水性强、透气性好、薄的纸尿裤。透气性不好的纸尿裤会使男婴阴囊局部环境温度增高,可能会影响宝宝的睾丸发育。现在的纸尿裤加入了高分子吸收剂,纸尿裤越变越薄,更加舒适,高吸水性的尿布可减少更换次数,不会打扰睡眠中的宝宝,还可以减少尿液与皮肤的接触时间,减少尿布疹的发生。

奶爸照顾宝宝第一步:学会换尿布

宝宝出生后6小时就可能排尿,但面对如此娇嫩的新生宝宝,奶爸是不是觉得连换尿布都成了高难度的任务?不用担心,经过每天近10次的练习,很快就会得心应手的。

1. 工具

确定换尿布安全的地方,如桌子、床等;一次性纸尿布或干净的布尿布、尿布兜(兜在布尿布外面的尿布兜,不建议使用松紧带固定布尿布,容易勒伤宝宝);干净的毛巾、布;婴儿粉或爽身粉;垫子;尿布疹药膏;温和的婴儿湿巾或湿的温水洗涤布。

2. 方法步骤

换尿布前奶爸要洗净双手。将宝宝平放于床或小桌上,使其感觉安全舒适。如果是换布尿布,则应先把干净的布尿布折好。打开一个新的纸尿裤

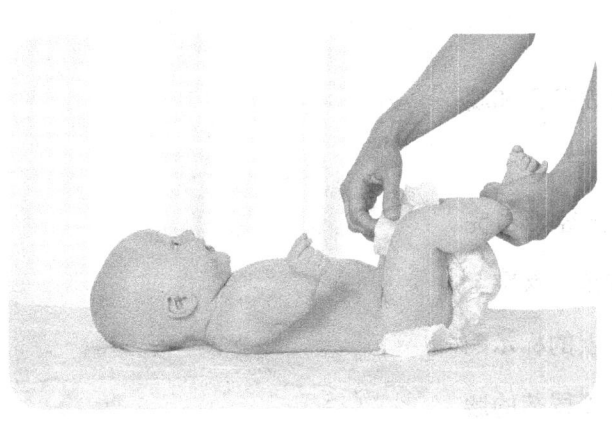

● 新纸尿裤顶端应放在宝宝腰部的位置

或尿布兜，用一只手把宝宝屁股抬起，把有腰贴的半边放在宝宝的脏尿裤下面，注意新的尿裤顶端应该放在宝宝腰部的位置。如果宝宝的纸尿裤很脏，给他清洗的时候，可以在他屁股下面先垫一块布或毛巾，以免弄脏新尿裤。

把脏的尿裤的腰贴打开并折叠，以免粘住宝宝的皮肤，然后把脏尿裤的前片拉下来。

一只手抓住宝宝的两个脚踝、轻轻上抬，另一只手把脏尿裤在宝宝屁股下面对折，干净的一面朝上，防止宝宝的脏屁股把下面要替换的干净纸尿裤弄脏。

用婴儿湿巾或柔软的布擦洗宝宝两腿之间的皱褶和生殖器附近，再擦宝宝的小屁屁，如果是女宝宝要特别注意从前端往肛门方向擦，以防止细菌感染。

擦完后，让宝宝的屁屁自然晾干，或用柔软的干毛巾擦干水分，有需要时也可以涂点爽身粉。

适度地分开宝宝双脚，然后在双腿之间夹上干净的尿布，自然调整尿布形状。

把纸尿裤两端的腰贴粘牢，但也不要太紧，以免挤着宝宝，同时还要注意，不要让腰贴粘到宝宝的皮肤。

给宝宝整理好衣服后，奶爸记得将双手清洗干净。

如果用的是纸尿布，奶爸记得每2～3小时检查一下。

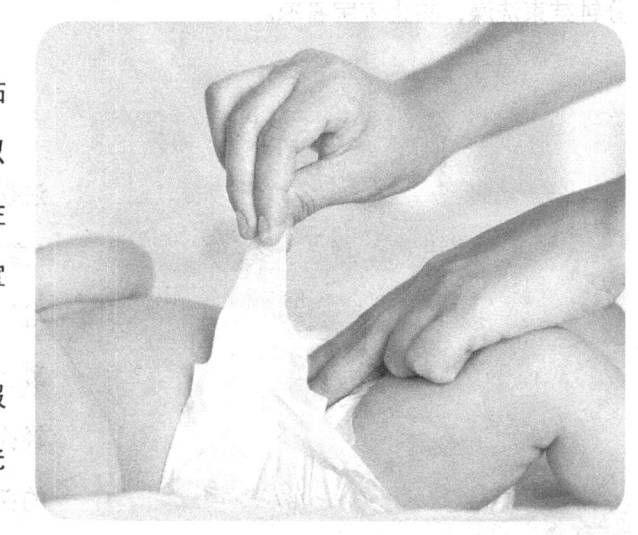

● 注意不要让腰贴粘到宝宝的皮肤

洗澡四步法

帮宝宝洗澡，对新手奶爸来说是一项艰巨而富有挑战性的任务：该怎样给这样软绵绵的小人儿洗澡呢？奶爸粗大的手会不会伤到细皮嫩肉的小宝贝呢？其实，给宝宝洗澡，只需4步就能轻松搞定。

1. 预备

准备好澡盆、水温表、毛巾、婴儿沐浴露、婴儿洗发水、婴儿润肤露及换洗的衣服、尿布、浴巾、护臀霜等，并将这些物品放在顺手可取的地方。

洗澡时，室内温度冬季应保持在26℃左右，夏季22℃～24℃；水温在39℃～41℃之间，夏季可略低1℃～2℃。可以用肘部试一下水温，只要稍稍高于人体温度即可。

最好有两个大人合作，比如奶爸洗，奶妈帮忙，抓紧时间，一般应在5～10分钟结束洗澡，防止宝宝着凉。

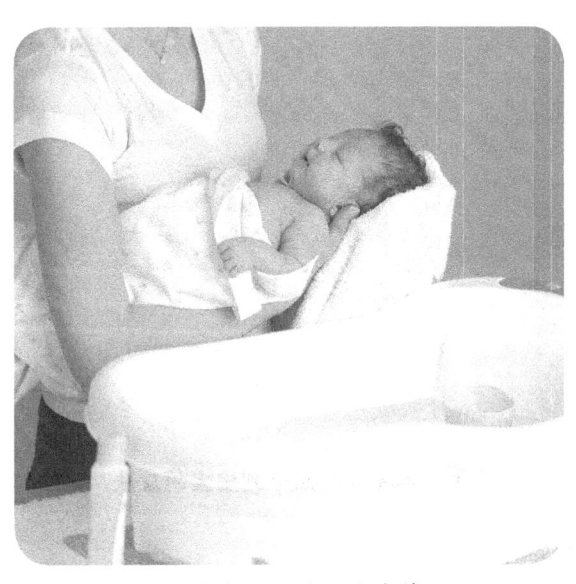

● 宝宝入浴的正确姿势

2. 入浴

洗澡前，奶爸要亲切地注视着宝宝的眼睛，告诉他："宝宝要舒舒服服地洗澡澡啦！"然后脱去宝宝的衣服，裹上浴巾，用手臂和身体轻轻夹住宝宝，一手托住宝宝的头部，并用拇指、中指从宝宝耳后向前压住耳轮，以盖住耳孔，防止洗澡水流入耳朵。

3. 清洗

（1）先洗面部。用小毛巾沾水，轻轻拭宝宝的脸颊，由内而外轻拭眼部，再由眉心向两侧轻擦前额，然后依次清洗耳朵、鼻子、嘴巴。

（2）再洗头发。把头发弄湿，倒米粒大点的婴儿洗发液在手心，搓出泡沫后，轻柔地在宝宝头上揉洗。

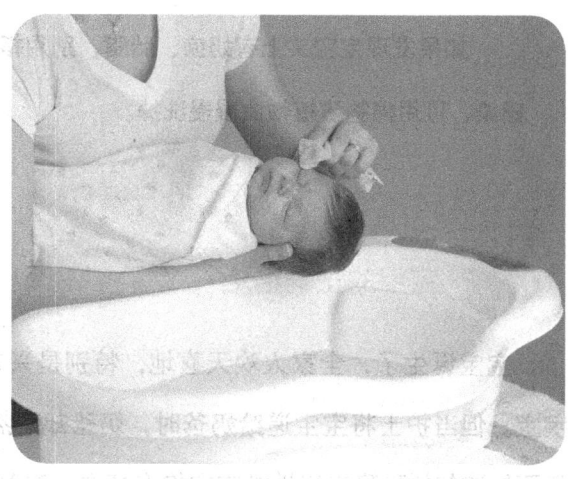
● 擦拭眼部要由内而外

（3）然后清洗上身。洗完头和面部后，再分别给宝宝清洗颈部、上肢、腋下和前胸、后背。由于这些部位十分娇嫩，容易发红甚至溃烂，因此清洗时动作一定要轻柔。洗背部时托住宝宝腹部，调转宝宝身体，清洗背部。

（4）最后洗下身。洗完上身后用浴巾包裹住宝宝，将宝宝的头贴在奶爸的左胸前，用浸水的小毛巾先洗会阴、腹股沟及臀部（女宝宝一定要从前向后洗），然后洗腿和脚。

新生宝宝生长旺盛，会有皮屑过多、脱落等现象，切记不要撕宝宝即将蜕掉的皮，可以涂些润肤油，保持皮肤湿润。

4. 出浴

洗完后用大毛巾将宝宝包好，轻轻擦干身体，在颈部、腋窝和大腿根部等皮肤皱褶处涂上爽身粉或润肤液。然后给宝宝穿上干净舒适的衣服，包好尿布。

开始给宝宝洗澡时，宝宝很有可能因为害怕或不熟悉这种行为而啼哭，此时奶爸可以小声安慰，或者唱唱儿歌，准备一些戏水玩具转移宝宝的注意力。

专家提醒

如果发现宝宝头上有奶痂、胎脂，别用指甲去抠，以免损伤头皮造成感染，可用棉签沾植物油慢慢洗掉。

宝宝的正确抱法

宝宝诞生了，全家人欢天喜地，特别是兴奋的奶爸好想抱抱自己可爱的宝宝。但当护士将宝宝递给奶爸时，奶爸却茫然失措，不知该如何接住宝宝，更不知该怎样稳稳当当地把宝宝抱在怀中。这时，对奶爸来说，如何抱宝宝成了养育宝宝的第一道考题。宝宝骨骼较软，特别是脊柱，还不能像成人一样形成固定的弯曲，如果大人抱姿不当可能会影响宝宝骨骼（特别是脊柱和胸廓）的生长。因此合理的抱姿十分重要。

1. 平抱

这一姿势适合1～3个月的宝宝。初生宝宝颈部骨骼和肌肉尚无力支撑头部，因此，奶爸抱他时应特别注意保护头颈部。可将宝宝的头放在左臂弯里，肘部护着宝宝的头，左腕和左手护其背部和腰部，右手绕过宝宝，右小臂护住宝宝的腿部，让宝宝的头和身体基本成一直线。这样，宝宝就可以平稳地躺靠在你的怀里了。

抱宝宝的正确姿势

2. 斜抱

可用平抱的手法，让宝宝的头稍微抬起，保持头高臀低位；也可将宝宝的臀部置于大人的腿上，一手扶住宝宝的颈部，另一手轻拍其背或自由活动。此姿势特别适合给 3 个月以前的宝宝喂奶，当然平时也可这样抱。当宝宝吐奶时，奶爸可以这种姿势抱着宝宝，然后用空心掌轻拍其背部，有的书上描述的拍嗝应竖抱并不一定是指垂直抱，斜抱就可以了。

3. 竖抱

竖抱适合 3 个月以上的宝宝。可一手托住宝宝的臀部和腰部，另一手托住宝宝的头颈部，将宝宝竖起，让宝宝的一侧脸贴在你的胸前，使宝宝可以听到你的心跳声，从而感觉更加安全、舒适；也可将宝宝抱得再高些，让宝宝的下巴搁在你的肩膀上，双手搭住你的肩膀或手臂，这样宝宝就可以随着父母的走动看见周围的事物，充分满足宝宝的好奇心理。但 3 个月前的宝宝，竖抱时间不宜过长，以免宝宝感觉疲劳，同时要注意保护好宝宝的头颈部，使头跟脊柱保持直线。所谓竖抱会造成宝宝脊柱压缩、侧弯、生长发育迟缓等说法，均没有科学根据。一般来说，只要抱姿正确，竖抱并不影响宝宝的发育。

> **专家提醒**
>
> 宝宝三个月后，当他俯卧在床上时，小脖子开始能试着摇摇晃晃地抬起来了。这个小动作是宝宝骨骼和神经正常发育的信号。

 最温暖的小窝：襁褓

老一辈人喜欢在宝宝睡觉时用布带把宝宝两腿拉直捆好，再把两臂贴在身体两侧固定捆起来，称之为打"蜡烛包"，认为这样宝宝不会踢被子，睡得香甜，也避免宝宝长成"罗圈腿"。其实这种做法是限制了宝宝睡觉时的自由，宝宝不但会非常不舒服，也不利于肌肉的伸展，宝宝在睡觉时四肢应处于自然放松的体位。如果怕宝宝蹬被子，可以给宝宝用睡袋或做襁褓，这样活动的空间比较大。襁褓就是用毯子把新生宝宝舒适地包裹起来，这会让他感到既暖和又安全。

　　襁褓的制作：先把毯子的上角折下约15cm，把宝宝仰睡放在毯子上面，头部枕在折叠的位置。把靠近宝宝左手毯子的一角拉起来盖住身体，并把边角从右边手臂下侧掖进宝宝身体后面；再将毯子的下角（宝宝脚的方向）折回来盖到宝宝的下巴以下；最后把宝宝右臂边的毯子一角拉向身体左侧，并掖到身体下面。有这么温暖舒适的小窝，宝宝一定会睡得香了。

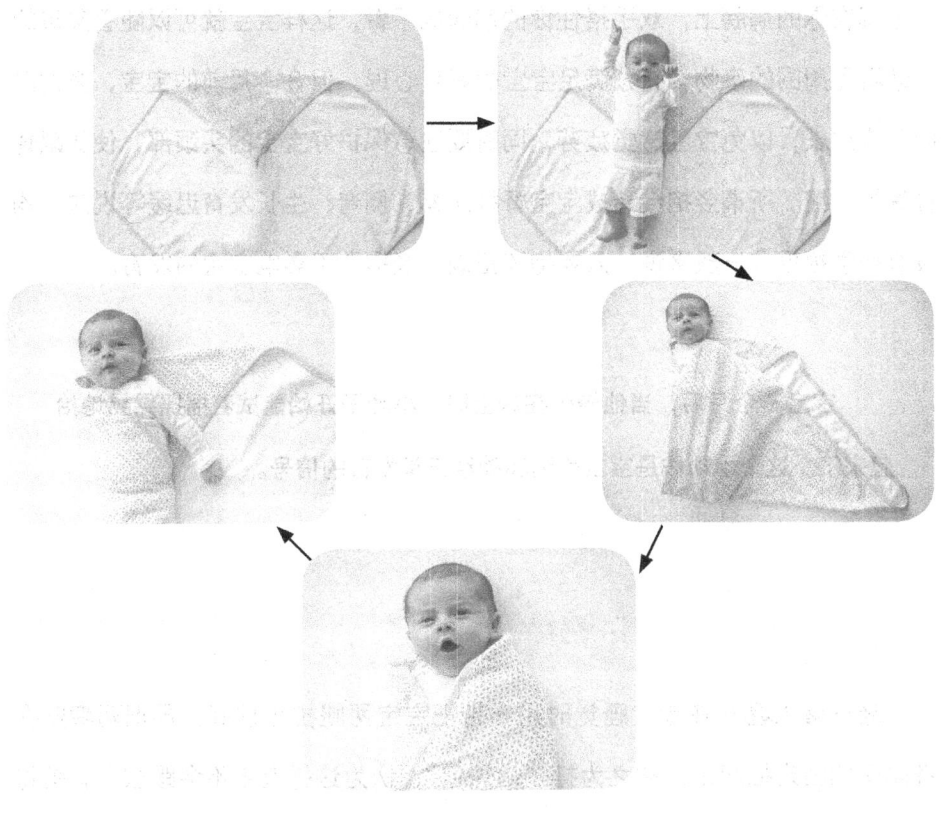

● 包襁褓的方法

搞定"夜醒"宝宝有妙招

新生宝宝每天20多个小时处于睡眠状态，所以对刚出生的宝宝来说，几乎没有白天和黑夜之分。如果宝宝夜间总是醒来，会影响到奶爸奶妈的休息，所以从月子开始，就应该注意使其养成良好

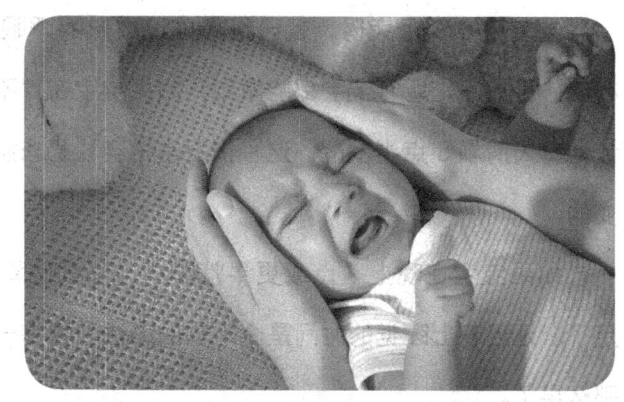

● 宝宝总是夜醒要想办法纠正

的睡眠习惯。如果宝宝晚上睡得多，白天睡得少，就有利于奶爸奶妈休息；如果宝宝白天睡得多，夜间总是醒，哭吵，出现这种睡眠颠倒的情况时，要想办法纠正。

奶爸要有意识地让宝宝白天少睡些。如轻轻弹弹足底，或抓抓足心，"干扰"他的睡眠。白天不能吃得过饱，宁可少食多餐，使其饥饿而醒过来。这样，因白天睡得少，夜间就会逐渐睡得多了。晚上睡觉前给宝宝喂1次奶，换好尿布，衣被不要过紧、过热，体位舒适，让宝宝睡得安稳。

如果宝宝睡得不安稳，总是醒来，奶爸要先看看环境温度是否合适，包裹得是不是太紧，是不是太热了而睡得不好。如果宝宝鼻尖上有汗珠，摸摸背上有汗，就需要降低室温，减少或松开包被，宝宝感到舒适就能入睡了。宝宝尿湿了、便便了、饿了都会睡不踏实。如果这些情况都不存在，就有可能是缺钙引起的，在佝偻病早期的表现就是晚上睡觉不踏实，以致出现"枕秃"，可以给宝宝补钙和鱼肝油，多晒太阳。最好尽早去儿童专科医院看医生。

解决宝宝的"早醒"难题

宝宝在6个月大时,就已经形成了成熟的睡眠规律,可以分辨出白天或夜晚,可惜不是所有宝宝都能做到,如果宝宝在"不该睡的时段"睡,可能会让他每天清晨5点半就醒,这种情况常常会让奶爸奶妈头疼,但这也是可以改变的。

如果宝宝在晚上7点或更早就睡了,那么他肯定会早早醒来,因为他睡足了。延迟晚上睡觉的时间是个不错的办法,训练一段时间,宝宝就不会起来那么早了。

● 宝宝如果很早醒就要延迟喂奶时间

宝宝如果早上5点起来,奶爸习惯给他喂奶,那么他可能会有"经验型"饥饿,就是已经习惯要在这个时候喝奶。所以,奶爸奶妈可以抱起宝宝,但要延迟喂奶时间。

如果宝宝会在上午9~10点第一次小睡,这也可能是宝宝一大早就起床的原因,因为他习惯了利用上午把早起所缺的睡眠补足。如果是这样的话,要把他小睡的时间延后,最好延至午后。

如果家里有老人习惯早起,一定要轻手轻脚,因为清晨宝宝对声音的反应非常敏感。宝宝对睡眠的要求在清晨可能已得到满足,一旦醒来,就难以再次入睡。如果老人清晨起床,建议不要开灯,不要拉开窗帘,最好让家里静悄悄。

促进宝宝睡眠的技巧

睡眠是宝宝的重要任务，也是评价宝宝生活是否规律的指标，可以说宝宝是在睡眠中长大的。

是什么原因导致宝宝睡眠不安稳呢？其实这不是一概而论的，不同的宝宝有不同的情况，如果奶爸想让宝宝睡得安稳，可以试试下面的方法。

1. 督促宝宝养成规律的睡眠习惯

大多数宝宝睡不好，是因为习惯不好，没有形成生物钟，所以没有规律的睡眠，导致他分不清白天和黑夜。奶爸奶妈应在宝宝出生后就锻炼他的生物钟，让晚上睡觉变成一种习惯。如果宝宝早晨过了平常醒来的时间还在睡，最好把他叫醒，每天早晨在同一时间叫醒宝宝，宝宝会慢慢养成规律的作息。

2. 养成良好的午睡习惯

宝宝的午睡与晚上的睡眠质量有很大关系。午睡时间不宜过长，午睡时间要定时定点。当然，控制不是教条的，宝宝没按时睡觉的偏差不大，也是没关系的。养成良好的睡眠习惯，同时要观察宝宝的状态，如果他按时睡觉，没有过度兴奋，那么这种睡眠习惯是适合宝宝的。

3. 控制卧室的光与声

学会用光与声来促进宝宝生物钟的形成，通过光亮、黑暗的对比让宝宝学会白天与黑夜、醒着与睡着的区别。在早上该起床的时候，把宝宝放在光线很亮的地方，最好有充足的阳光，给宝宝一个拥

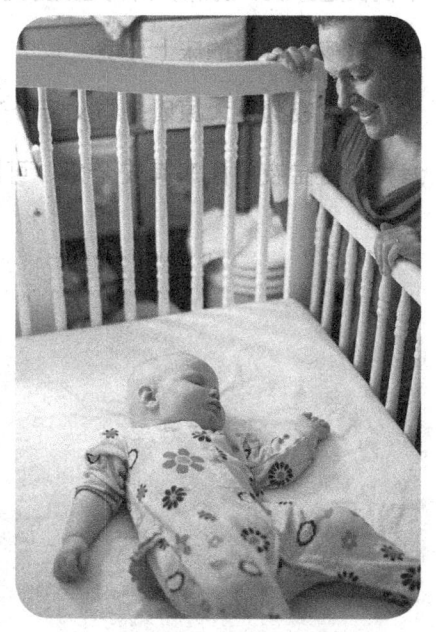

● 宝宝睡觉前把光线调暗

抱，可以放音乐让他醒来。在晚上宝宝入睡前1～2小时，把卧室的光线调暗，在宝宝该睡觉的时候，把他放在黑暗中，把门关好，不要让门缝透光或传进嘈杂声。光线对宝宝的生物钟有一定影响，夜间照料宝宝时，也要选择暗的夜光灯，用完了赶紧关上，窗帘最好厚实、避光，以免窗外透灯光。

4. 每天遵循就寝程序

安排一个整体的就寝过程，对宝宝的睡眠习惯养成很有帮助。通过一个程序化的方式让宝宝渐渐明白做完这一切就该睡觉了，这对于他来说是一个睡觉前的仪式。这个过程包括刷牙、洗脸、洗澡、讲故事等。新生宝宝睡觉前进行抚触，播放轻柔舒缓的乐曲，也是给他要睡觉的信号。这些动作在宝宝睡前1小时就可以进行了，在这1小时中，让宝宝结束过于兴奋的活动，别再见外人，保持室内安静、光线昏暗。给宝宝换洗完后，给他轻轻读书、讲故事，也可以听听音乐，这不仅能促进睡眠，也对宝宝的智力发育有好处。睡前的过程不仅仅是穿衣、洗澡，同时也是奶爸与宝宝之间爱的纽带。

5. 安全舒适的床上环境

宝宝夜醒很大原因是与父母分开睡，造成的孤独恐惧、不安全感等有关。怎样让宝宝夜间醒来有安全感，可以再自行睡去，不要奶爸起床安抚呢？给宝宝的小床营造一个安全舒适、像妈妈温暖怀抱一样的环境是最佳的办法。在宝宝睡前，奶爸可以为他做一个温暖的窝窝，在宝宝身体两旁各放一个柔软的小枕头，或者用小毯子做一个类似鸟巢样的小

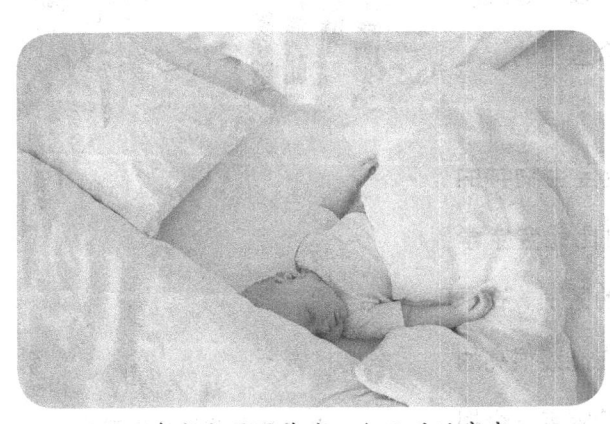

● 在宝宝周围营造一个温暖的窝窝

窝，以便宝宝夜里惊醒四处踢蹬时能感觉到柔软的物体，误以为是妈妈的身体，这样他可能会睡得安稳点。注意，小枕头等物品不要靠近宝宝的头面部，防止窒息。宝宝夜里有小动静时，奶爸奶妈不要着急去照料，这样反而会惊扰宝宝，有时宝宝其实并没有完全醒，只是可能翻身、做梦等。

宝贝，别哭

刚升级做奶爸，面对宝宝时不时的啼哭，也许会束手无策，可能会经常抱怨：咋又哭了呢？冷静，哭泣是新生宝宝的第一语言，通过啼哭，宝宝可以向你表达各种意愿要求。宝宝有什么不舒服时就会

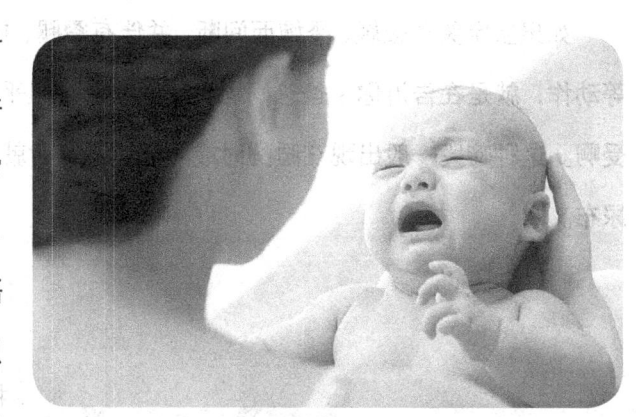

● 哭泣是新生宝宝的第一语言

哭闹，哭闹是他寻求帮助的唯一办法。如果宝宝渴了或饿了，奶爸应该知道自己要做什么。但是宝宝在感到孤独、身体不舒服或害怕时也会哭闹；有些宝宝和其他的宝宝相比，显得更加爱哭。因此，奶妈奶爸要注意仔细观察。

了解宝宝哭闹的原因能帮助奶爸了解问题的所在，通常宝宝不同寻常的哭闹是由于以下原因引起的：

1. 生命宣言

宝宝的第一声啼哭，预示着一个新生命的诞生，此后很长一段时间内，宝宝依然会哭得抑扬顿挫，这是运动性啼哭：哭声不刺耳，声音响亮，节奏感强，持续时间短，常常无泪液流出，这是宝宝在和你说话，最好不要打断，当你抱起宝宝时，哭声即可停止，说明宝宝没有生病。

2. "我好饿啊"

宝宝吃完奶后一般如果满足了,会立即入睡,如果在1小时左右他又醒了并哭,且哭声音调较低,有节奏,哭一会儿,停一会儿,不急不缓,此时用手指轻触宝宝的脸蛋,若宝宝立即转过头来,并不由自主地伸出舌头做吸吮动作,那么可以肯定地说:宝宝是饿了。这个时候应该马上喂哺。

3. "我的小屁屁湿了"

如果宝宝哭声较轻,委婉而间断,并伴有蹬腿、扭动身体(特别是小屁屁)等动作,就是在告诉你:爸爸妈妈,我尿尿了,湿乎乎的尿布贴在屁屁上好难受啊。这种啼哭一般出现在睡醒时或吃奶后,这时就要及时给宝宝换上干净的尿布。

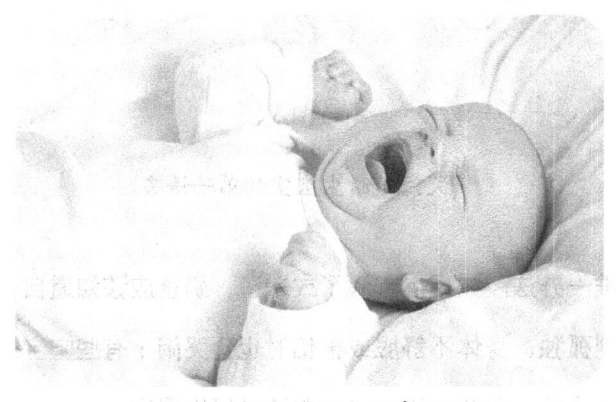

● 宝宝想睡觉时会哭声强烈

4. "我想睡觉了"

如果宝宝闭着双眼,打哈欠,揉眼睛,把头埋在你的怀里,就是在提醒你,他想睡觉了。当然,此时的宝宝会哭,且哭声强烈,像花腔一样带着颤抖和跳跃,并有断断续续声。这种情况奶爸应赶紧把宝宝放到床上,拍拍他,让他尽快入睡。

5. "爸爸妈妈抱抱我"

如果宝宝的小脑袋总是转来转去,似左顾右盼,哭声平和,带有颤音,当你走近时,啼哭就会停止,双眼盯着你,一副着急的样子,虽然停止了啼哭,但仍有哼哼声,小嘴唇翘起,这就是要你抱抱他了。这时奶爸要马上抱起宝宝,给他最温情的关爱。

6. "我好烦"

如果宝宝突然莫名其妙地大哭,然后停下来"观察"一下,再继续哭,表情急切,并不停地转动头部,就可能是周围的环境不舒适,让宝宝感觉烦躁。在陌生、黑暗的地方,或者是宝宝独处时,都可能出现这种烦躁的啼哭声。如果是这种情况,要给予安慰,最好是带宝宝到其他地方。

7. 热了、冷了

过冷或过热也会使孩子哭吵。奶爸应经常摸摸宝宝的手脚,如果手脚不暖和,说明穿得不够,需适当增加衣服。还可以摸摸宝宝的背部,如有出汗,说明宝宝太热了。总之,要注意冷暖适宜。

8. 生病了

如果宝宝看上去无精打采,食欲不振,甚至有呕吐、腹泻等症状,哭声怪异,要么高调尖叫,阵发性加剧,要么短促无力,甚至虚弱地呜咽,即便抱起来也仍然在哭,奶爸就必须有所警觉:宝宝是不是病了?宝宝的体质还很弱,身体不适时会用哭声来缓解。遇到这种情况奶爸要及时关注,查明原因,不能耽误。

听哭声辩原因

婴幼儿哭闹是常见现象,只有很少一部分是病态,奶爸应能通过仔细观察来明确哭闹是否有异常,需要注意的方面有:

1. 啼哭的声调

哭声洪亮,音色润滑,多与饥饿、口渴、尿布潮湿等有关,一旦得到满足,哭声立即停止。哭声低沉、嘶哑、不连贯,多见于发热、肺炎、贫血等疾病的患儿或低体重的新生儿。高亢的尖叫,如伴有喷射性呕吐、四肢抽搐、两眼上翻,多表示颅内有感染、出血或水肿。

2. 哭声强弱

哭声洪亮者往往是突然受惊或被疼痛刺激引起，如果宝宝的哭声由强变弱、精神状态不好、困倦、对周围事物不感兴趣时，可能是病情加重。哭声弱或呈呻吟样者多提示病情较重，哭声嘶哑多为发声器官疾病。

3. 啼哭持续时间

非疾病所致啼哭多较短暂，去除外来刺激或以玩具分散注意力时，啼哭即止，活动正常。如果因吃奶吞入过多气体（因母亲乳头过短或人工乳头孔过大引起），常在进食后出现啼哭，嗝出空气后即止。疾病所致的哭闹，因病因不能迅速去除，故常为持续性或反复发作性啼哭。

专家提醒

当宝宝哭闹达 2 小时以上，排除了生理性需要的哭吵，用尽方法诱哄不止，又伴有发热、腹胀、腹部包块、腹泻、便血等异常症状时，应该及时去医院就诊，并将宝宝开始哭闹的时间及伴随的症状告诉医生，以协助医生诊断。当宝宝因不适而哭吵时，无论是奶爸、奶妈还是爷爷奶奶都要保持冷静，不要互相指责，更不要大声地左呼右叫，这样会影响到宝宝，让他更加害怕，哭得更凶。家长要保持平和的心态，即使宝宝病了也要保持乐观的态度，配合医生检查和治疗。

如何安抚爱哭的宝宝（0～6个月）

有的宝宝就是爱哭，当宝宝嚎啕大哭时，常常会让奶爸奶妈们束手无策。安抚宝宝的哭闹也是有小窍门的。这个时期的宝宝哭吵难以安慰时奶爸奶妈应该要抱起宝宝，让他觉得有安全感，还可以试试以下方法。

1. 包裹

宝宝在妈妈的子宫里是被紧紧包裹着的，恰当合适的"襁褓法"可以让宝宝感觉像是重新回到了妈妈的子宫里，获得被保护的安全感，不过包裹宝宝要以不妨碍正常呼吸为前提。

2. 侧抱

刚刚降生的宝宝还没有准备好迎接新的环境，对他们来说，突然走出子宫那个温暖的环境很容易不适应，通常表现出哭闹不停。可以试着把宝宝竖抱或是侧抱，有助于让宝宝尽快安静下来。

3. 声音

新生宝宝的耳膜较厚，对成年人来说有点响的声音相对宝宝来说可能刚好合适。奶爸奶妈可以为宝宝营造类似流水声、琴声等优雅的声音，播放悦耳的音乐或奶爸奶妈唱歌谣，可能会让宝宝安静下来。奶爸还可以将宝宝抱着贴在胸前，让宝宝的头顶在他的咽部，与他轻轻地说话，男人低沉的声音可使许多宝宝安静下来，这也是奶爸能真正发挥优势的一种办法。

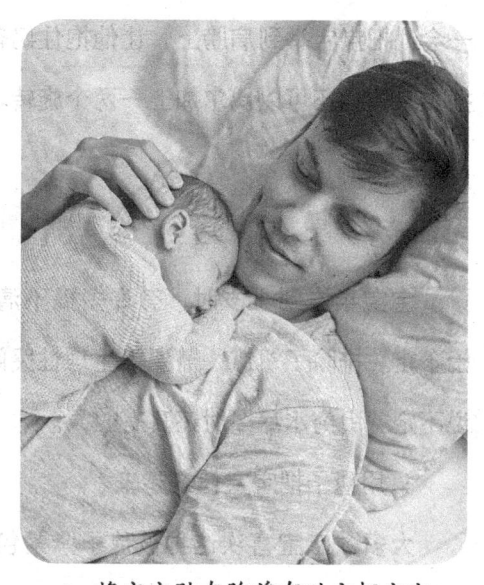

● 将宝宝贴在胸前有助安抚宝宝

4. 摇晃

当宝宝还在妈妈子宫里的时候，无论妈妈是走路还是坐着，甚至是翻身，宝宝的感觉都会像坐船一样舒适，可见宝宝喜欢这种轻轻摇晃的感觉。但奶爸要注意，摇晃宝宝的幅度要小而慢，不恰当的摇晃对宝宝是没有好处的。摇晃宝宝时，应该双手托住宝宝的身体，慢慢摇晃才是正确的。

※ 安慰奶嘴能帮助宝宝安静

5. 吸吮

给宝宝使用安抚奶嘴不仅能缓解宝宝的饥饿感，还能激活大脑深处的镇静神经，使宝宝进入平静、放松的状态。

6. 跳舞

奶爸可以充分体现男子汉的力量，对于5～6个月的宝宝，可一会儿把宝宝轻轻地抛起再接住，一会儿把宝宝举到肩膀上，让他抱住奶爸的脖子，然后轻轻起舞，慢慢地前后摇晃身体，还可以偶尔加上一两个旋转。宝宝都喜欢有人跟他这样玩闹。

如何安抚爱哭的宝宝（6～12个月）

宝宝半岁到1岁时，有许多搞不清楚、闹不明白的脾气、烦躁，导致哭闹不止。排除了饥饿、需要等生理性哭闹后，还可以使用一些"另类止哭法"，说不定"山穷水尽"时还真有效果。

1. 用毯子把宝宝包裹起来

大多数宝宝喜欢这种被毯子紧紧包裹的感觉，会让他感觉好像又回到妈妈的子宫里，温暖而安全。

2. 换个人手

妈妈哄不好，换爸爸，实在不行，让粗喉咙的爷爷上场也许管用。

3. 用鼻子轻轻触摸宝宝的脸部或小手

这个陌生的动作也许让宝宝感觉新奇，好奇心一上来，就忘记发脾气了。奶爸奶妈还可以发明一些其他的让宝宝感觉好奇的动作。

4. 换一个姿势抱宝宝

让宝宝脸朝下趴在你的手臂上，用手托起他的脸，左手轻轻地晃荡，右手轻轻抚摸宝宝的背。视野的忽然变化，也会让宝宝产生好奇心，从而忘了哭闹。

5. 朝他额头轻轻吹气

直接而温柔地朝宝宝的额头连续吹气，他会立刻眨眼、深呼吸，重复几次，他就忘了自己为什么哭。不过，奶爸可要没感冒、不抽烟才能这样哦。

6. 让他吸吮你的大拇指

有时候宝宝大哭大闹的理由很简单，他就想吸吮点什么。那就尝尝奶爸的大拇指吧，温暖，柔软，还有点新奇。不过，必须保证你的手指是仔细清洗过的，指甲也是修剪过的。

7. 让宝宝听奇怪的声音

如嘘嘘的口哨声，学动物的叫声，这些小噪音会让宝宝昏昏欲睡，但干扰的时间不可太长，以免噪音对宝宝造成不良影响。

切忌对宝宝的哭闹置之不理

如果宝宝哭很长时间没有人去理会，最终宝宝会认为爸爸妈妈不会来帮助他了。如果这样重复多次，或这种无益的哭闹持续下去，宝宝会试图通过其他途径来求得需要的满足，诸如晃动或摇头晃脑的办法，或遇到挫折就想睡觉。若这种行为方式被固定下来，从而就会逐渐产生一种变得内向、回避现实的习性。由于宝宝在婴儿期（0～1岁）没有学会向人们寻求帮助，这种性格延续到成年就会形成心理问题。

强迫一个不能自立的小宝宝去自立是不明智的。宝宝的独立只有在他的依赖得到满足之后才能学会。经常有人说："宝宝哭，就是想要人抱他，别惯着他。"从而对宝宝哭叫放任不管，并认为哭是人生道路上必须迈出的"正确的第一步",这是错误的。过于严重的挫折并不有利于认识生活,当宝宝没有自理能力时,直接满足他的要求,帮助他克服困难,是非常明智的。以后,随着宝宝一天天的长大,应付挫折的能力不断增强,到那时,应该教育他们用自己的能力去解决所遇到的问题。

所以当宝宝大哭时,奶爸奶妈要给予安抚、关爱,抱抱宝宝,拍拍宝宝,千万不要置之不理哦。

选购玩具安全第一

购买玩具必须坚持"安全第一"的原则。世界各国都非常重视玩具的安全与卫生,并制定了严格的安全卫生标准。一般正规的商场或专门的婴儿品牌玩具相对小商品批发市场要有保障。买玩具时,要看玩具的底部或产品说明书上注明是什么材质做的,还可以主观闻闻玩具的味道或质地。如果玩具上有刺激性气味,再便宜也不能买回家。

此外,给宝宝买玩具不要有攀比心理。玩具要适量,拒绝奢侈、昂贵,从小培养宝宝勤俭节约、不攀比的好习惯。回家后,不要把所买玩具都呈现在宝宝面前,让宝宝一件一件地玩,学会玩了后,再换下一件。

购买适龄益智玩具

一般正规玩具都会注明该玩具的适用年龄范围,不在此阶段的宝宝使用该玩具是存在风险的。玩具是宝宝的第一本教科书,不仅可以增加宝宝的生活情趣、丰富知识、开拓能力,还有助于培养宝宝健康的个性。奶爸可以有目的地选择一些能激发宝宝智力、思维能力和解决问题能力的玩具。

1~4个月:1~2个月的宝宝大部分的时间都是在睡觉,所以这个时期的玩具比较简单，一般是颜色鲜艳的悬挂玩具，如气球、音乐旋转玩具等。2个月后可以买些摇铃、花铃棒、捏球之类的玩具。这些玩具可以发出柔和的声音，在宝宝醒来的时候，在宝宝眼前30cm左右，左右或上下做弧形的转圈，让宝宝的眼睛追着玩具走，可以练习宝宝的追视能力。在宝宝耳朵边距离15～20cm处轻轻摇铃，可以练习宝宝的听力和转头能力。还可以经常把这些小摇铃、捏球有意识地塞到宝宝的小手里，练习宝宝的抓取能力。

5～9个月：宝宝5个月时就可以自如地翻身了，他会有意识地伸手抓自己想要的东西。因为宝宝学会使用手指了，所以这时奶爸可以买一些优质的可抓取的塑料玩具，如拉环、按摩球、拨浪鼓、积木块等。这时候宝宝对周围的事情都十分感兴趣，尤其是一些能够运

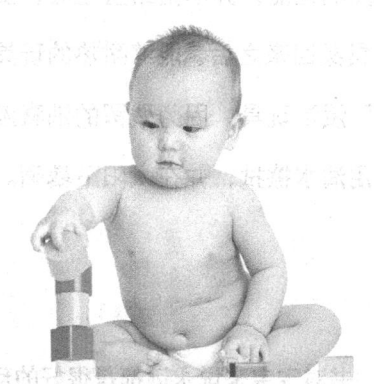
● 玩积木能够锻炼宝宝的手指

动的物体，对他更有吸引力，如会蹦的小青蛙、会动的毛毛虫、不倒翁等。宝宝7个月后手指更灵活了，最喜欢用食指去抠玩具的洞洞。这时候可以给他买一些能用手指拨弄出声音的玩具，或是四壁有洞洞的玩具，以及可以拆装的积木。玩具可以从大到小，反复练习，有利于宝宝练习精细动作。等宝宝8～9个月时，就要练习爬行了。爬爬垫是不能少的，奶爸可以把玩具散落在垫子上，当宝宝想要这些玩具时，他会自己想办法往那个玩具的方向移动。自身移动对小宝宝来说是特别有意思的事情，他可以自己去探索很多事情。

10～12个月：这时候宝宝能够爬得很溜，甚至可以站起来。此时可以给宝宝买些不同容器里面能够装不同小东西的玩具，如漏勺、漏斗、不同颜色大

小的塑料杯，让宝宝学习用手把玩具从筐里拿出来再放进去。还可以买一些小木琴、拼装积木、小鼓，以及拉着能走能唱的毛毛虫、小狗、小马玩具等。

玩具买回家，奶爸先检查

奶爸给宝宝把玩具买回家后，要先检查玩具的小零件是否松脱，塑料外壳是否有破裂等，防止零件脱落造成宝宝误吸的危险。而且，奶爸要先玩一玩，熟悉玩具的性能，并示范给宝宝看，要严格按照说明书上的提示使用玩具。

玩具买回来之后，能够耐热的玩具可以用沸水消毒、晒干。不建议用"84消毒液"浸泡玩具，因为残留的消毒液对宝宝有危害。不耐热、不能进水的玩具可以用清水擦拭，并在太阳下暴晒。

专家提醒

书对宝宝来说永远都是很好的玩具。如果想让宝宝养成终身阅读的习惯，那么从婴儿开始就要进行早期阅读。爱读书、好学习的习惯以及对知识的敬畏之心会使孩子终身受益。早期阅读一定是亲子共读，不同阶段的宝宝都有适宜他的书，奶爸要多陪宝宝看书哦！

让宝宝看摆动的玩具

奶爸可以在宝宝的房间或婴儿床上悬挂一些鲜艳的小球，也可以是能发出悦耳声音的彩色旋转玩具。这种玩具最好距离宝宝眼睛20cm左右。当宝宝哭闹时，奶爸可以慢慢移动玩具，宝宝看到这些玩具后，就会逐渐安静下来。玩具要经常更换位置，品种颜色尽量多样化以引起宝宝的注意。当然，也可以在墙壁上挂一些色彩鲜艳的玩具或彩画,宝宝睡醒后,第一眼看到这些漂亮的东西一定会感到愉悦。奶爸可以把宝宝抱起来在屋子里转转,让宝宝看看墙上的画及玩具,并指着画面上的东西告诉宝宝分别叫什么名字。这样还能活动宝宝的头颈部肌肉,利于宝宝抬头。

让宝宝在游戏中成长

宝宝出生后的头三年是大脑发育最快、可塑性最强的时期,也是智能开发的关键时期。出生后就对宝宝进行良好的早期教育对促进其大脑发育有着不可估量的作用。通过各种游戏来促进宝宝的视力、听力发育,培养宝宝的注意力、音乐感觉、阅读力、认知力等,可以使宝宝与生俱来的潜能得到最大的激发,会让宝宝受用一生。

奶爸要学会与宝宝交往

与奶妈细腻温柔的呵护不同,奶爸常与宝宝交往将大大有利于宝宝智能的发育。宝宝在和奶爸的接触中,能够继承男性特有的坚毅、果断、自信、独立、宽厚、大方的个性特征,这对宝宝的成长是不可缺少的。奶爸可以用身体弄出各种声响逗乐宝宝,比如做鬼脸,扑通倒在床上。最简单的逗宝宝的招数是:把一样东西放在头顶上让它掉下来,同

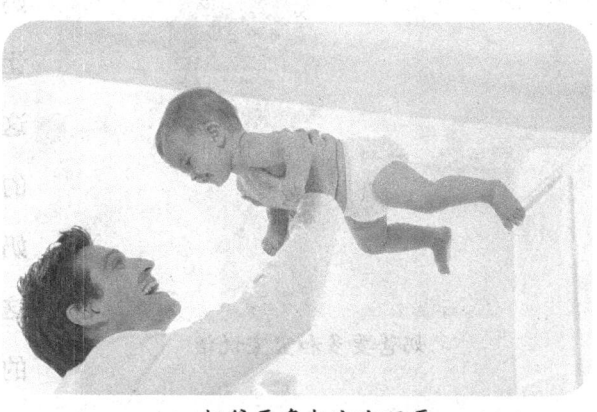

● 奶爸要多与宝宝玩耍

时喊着:"哎呀,又掉下来了!"就这样,哭闹的宝宝先是会盯着奶爸看,然后就会咯咯笑起来。奶爸不断重复做,最后,看腻了的宝宝就会安静下来。

多与宝宝肌肤相亲

亲子肌肤接触很简单,简简单单地抱抱他、亲亲他,给他做抚触、婴儿操,就能让宝宝得到爱抚感。奶爸奶妈的怀抱是宝宝觉得最安全、最幸福的地方,经常接受奶爸奶妈爱抚的宝宝,成长速度、情商、智商都高于缺少爱抚的宝宝。而且这种肌肤相亲会使宝宝大脑的兴奋与抑制变得协调,会让哭闹的宝宝安静下来,让不停咯咯笑的宝宝变得平静些。

多和宝宝说话、唱歌

刚出生的宝宝除了吃奶、睡觉是主要任务外,更想听奶爸奶妈说话。千万不要认为和宝宝说话是"对牛弹琴"。经常对宝宝说话,能够刺激宝宝听觉和发音器官的健全发育。

在宝宝刚睡醒时,奶爸奶妈也要面对面地和宝宝相视,让他感觉到奶爸奶妈的气息。这时小家伙会紧盯着奶爸奶妈的脸,尤其是眼睛,好像在和奶爸奶妈进行心灵对话一样。这时,奶爸奶妈可以看着宝宝的眼睛,跟他说说,聊聊,或给宝宝轻柔地唱一首歌,或讲一个短小的故事。

● 奶爸要多和宝宝说话

> **专家提醒**
>
> 奶爸要把宝宝当成一个会说话的孩子，经常和他说话，如"宝宝醒了，真乖"，"宝宝真能干"，"宝宝会看气球了，真棒"等。

 听声转头

宝宝出生几天后，已经渐渐熟悉了自己生活的环境，逐渐可以判断出声音来自哪个方向，尤其听到奶爸奶妈的声音，无论是歌声还是说话的声音，都会给宝宝带来安全和温柔的感觉。在宝宝醒着或是心情愉悦的时候，奶爸可以在宝宝脑袋的两侧，轻轻呼唤他的名字，小家伙就会慢慢地转过头来，眯着眼睛找爸妈。奶爸还可以利用玩具摇铃，在距离宝宝耳边10cm左右的地方，轻轻地摇出柔和的声音，宝宝也会寻着声音而转头。平时在宝宝醒着的时候，可以放一些柔和舒缓的音乐，能激发他对声音的敏感性，训练听觉。

转动眼睛促进视觉发育

为了发展新生宝宝的视力，首先可以吸引宝宝注意灯光，进行视觉刺激，然后让宝宝的眼睛追踪有色彩或者发亮和移动的物体。可在房间张贴美丽或色彩斑斓的图画，悬吊各种颜色的彩球和玩具。

悬挂的玩具要在宝宝的视线之内，而且可以移动，能够发出声响的最好。奶爸可以移动悬挂的玩具吸引宝宝宝的眼睛转动，以锻炼宝宝的视觉和使眼球转动的肌肉。

> **专家提醒**
>
> 悬挂的物体不要固定在同一个位置不动,以防宝宝的眼睛发生对视或斜视。

看手、玩手、吃手

手是宝宝智慧的来源。多动手的宝宝必然比从小戴手套,或包成"蜡烛包"将上肢紧紧捆起来的宝宝聪明。宝宝吃手是天性,他在妈妈肚子里就学会了这一招。大多数宝宝在2～3个月时把手当成了自己最好的玩具,他会长时间盯着手看,似乎十分好奇。当两只手能抓握在一起时,手就更好玩了。偶然的机会,奶爸把手举到宝宝嘴边,手碰到了口,宝宝一定会用触觉相当发达的嘴唇去感知他。在这一阶段,宝宝吸吮手指是一种生理现象,奶爸不需要千方百计去阻止他,只要保证宝宝的小手清洁就行了。这时吸吮手指既锻炼了手眼协调,又满足了吸吮欲望,使宝宝心理得到安慰,宝宝长大后,自然会将注意力转移到玩具和其他事物上,吸吮手指会自然停止。

● 宝宝吃手是天性

浴池中的游戏

喜欢水中的游戏应该是每个宝宝的天性，父母可以充分利用这一天性，在每天洗澡的过程中和宝宝游戏。奶爸可以在浴盆中放上颜色鲜艳的、可漂浮的、安全的玩具，奶爸可以拨水让玩具漂动，也可以捏出声响逗宝宝开心。当宝宝注意到玩具后，可以托着宝宝的手撩水去泼玩具、划水让玩具活动，也可以用小手将玩具按压入水中，再看它浮出水面。还可以一边玩，一边和宝宝说："宝宝看，小鸭子游泳啦，小鸭子钻到水里去了！"此时宝宝虽然还不会说话，但这种有益的潜能积累，到他会说话时就能得到充分的表达。

专家提醒

浴池游戏不是婴儿游泳，"婴儿游泳"是宝宝在特定的水质、水温和宝宝专用泳圈保护下，由经过专门培训的人员操作和看护，进行的自主活动和水中抚触。游泳需要大量的水，且自己操作缺乏安全性，因此不建议宝宝在家中游泳。很多母婴机构、医院都有婴儿游泳的设施和专业的人员。

家居风险排查

对宝宝来说，每天呆在家里的时间最多，家是温馨欢乐的港湾，但同时也充满危险，容易遭受意外。宝宝在大人预设好的环境下成长，大人觉得自然而然的物件，却能在不经意间对宝宝造成伤害，因此，奶爸要对家里的安全隐患进行排查。

1. 窗台

现在很多房间窗户很矮，如果窗户没安防护网，一定不能在阳台或窗户边放桌椅等可以攀爬的物品。

2. 浴缸

浴缸的水虽然不深，但也有可能造成溺水。在不洗澡的时候，浴缸内一定不要留水，最好随时关好浴室的门。在用浴缸给宝宝洗澡时，大人一定不能离开，一秒也不行。

3. 插线板

奶爸最好把宝宝能接触到的插线板、插座的孔封住，避免淘气的宝宝用手指、金属物件探插。

4. 饮水机、开水瓶

宝宝玩耍时不要离开大人的视野，家里盛放热汤、开水的容器，不要放在宝宝能接触的范围内。

5. 婴儿床

婴儿床要结实、坚固，奶爸要认真检查螺丝、窗栏的牢固程度，床的高度、床栏的宽度都要在安全范围内。婴儿床上不要放毛绒玩具，毯子、枕头都不要靠近头部放，防止宝宝翻身、挪动，或将这些物品抓了捂住口鼻窒息。

6. 防止误食

家里的玩具小零件、花生、豌豆、药品类等都是宝宝容易抓了往口里放的东西，这些东西一定要放在宝宝单独拿不到的地方。

当然，还有很多我们预想不到的危险，总之，宝宝是充满好奇心和探索精神的，他不知道危险的存在，奶爸奶妈除了排除这些风险外，一定要让宝宝在大人的视线范围内活动，让宝宝健康快乐成长。

第四部分：行

安全出行益智健身

宝宝体质好、不生病，可以说是每个家长最期盼的事情，但这并不单单是由良好的愿望所决定的。它既受先天因素的影响，也受后天因素的制约。后天因素中除均衡、足够的营养为必要条件外，体格锻炼也是一个非常重要的因素。正确利用自然界的各种因素如空气、日光和水以及体育运动来锻炼身体，能增强宝宝体质、提高身体抵抗能力及获得适应气候变化的能力，从而提高健康水平，减少疾病。

安全出行益智健身

外出时给宝宝带什么

小宝宝活泼好动，对外界充满好奇，因此应该多带宝宝外出接触大自然。但带宝宝出门可不是简简单单、抬腿就能走的哦。必须做好充分准备才不会让自己手忙脚乱。下面列举宝宝外出时的常用物品清单。

1. 饮食类

母乳喂养的宝宝：准备一块干净的毛巾，用开水消毒后装入保鲜袋内，以备外出喂奶时擦净乳头。如果奶妈漏奶多，可多带一套乳房垫和一件备用胸罩或者一件T恤衫。人工喂养的宝宝则要准备：奶瓶、奶粉及其他食品，以及水壶、保温杯或普通水杯等。

2. 衣物类

准备干净衣服、内衣、帽子、袜子、鞋子、尿布、兜兜、隔汗巾、遮阳帽、毛巾、备用尿片。

3. 医药类

带个小药箱，准备一个婴儿专用体温计以及退热药、消炎药、止泻药、抗过敏药、驱虫药、棉签、创可贴等以备急需。

4. 洗护类

婴儿专用干湿纸巾、婴儿沐浴露、婴儿洗发水、防晒霜。

5. 其他类

婴儿车、妈妈背包、相机、婴儿背带、颜色鲜艳或者能发出声音的玩具、尿布袋或用来装脏尿布的塑料方便袋。

总之带宝宝外出时必须做好充分的准备，已保证母婴安全、舒适。

 学会使用婴儿背带

外出时长时间徒手抱宝宝，奶爸奶妈会感觉很累，这时可以利用婴儿背带把宝宝抱在前面或者是背在后面。这样宝宝听见爸爸、妈妈有节奏的心跳，他会很有安全感，不害怕；还可以使宝宝的视野更开阔，也方便奶爸奶妈活动；而且把宝宝背在身上，可以减轻奶妈产后抑郁，有利于母乳喂养，也有利用于增强亲子关系，这对宝宝神经和情感发育也有帮助。

● 学会使用婴儿背带减轻负担

婴儿背带一般依照抱的方式而有横抱式、前抱式、面向前式、面对面式、后背式等五种。同时还有专用的、双用途、三用途等多功能的背带，种类繁多。但是婴儿背带的可用期间会因宝宝体重而受到限制。

 不同月龄使用不同的背带

3～6个月的宝宝最好面向成人坐，双方身体的接触多，会使宝宝很有安全感。困了就可以趴在爸爸妈妈怀里小睡片刻，还可以跟他们"聊天"；同时，爸爸妈妈也可以随时观察宝宝的情况，做到心中有数。

6个月以上的宝宝对外界的好奇心和探索精神都大大增强，所以应该让他们面朝外坐在背带里。这样，宝宝的视野会变得非常开阔，可以看到许多他从未见过的人和物，出门一趟也能让宝宝长不少见识。

市场上的婴儿背带种类比较多，功能大同小异，比如横抱式可以让0～4个月的宝宝在妈妈胸前斜躺着，有点像喂奶的姿势；前抱式则适合4～12个月的宝宝，这种姿势既可以让宝宝面向妈妈，又可以让宝宝像袋鼠一样脸朝外，便于开阔视野。

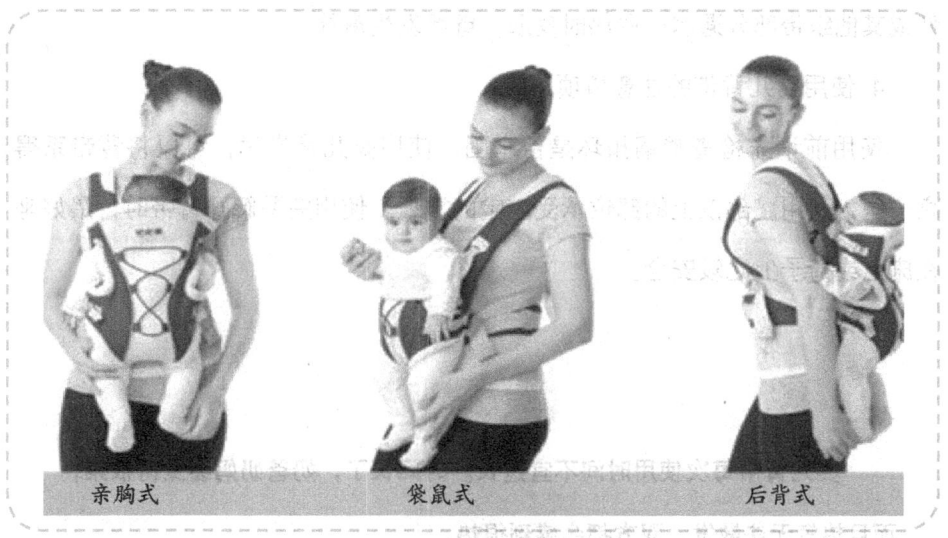

● 婴儿背带的不同背法

 如何购买和使用婴儿背带

1. 婴儿背带的选购

选购背带首先要注意牢靠度，结实耐磨是首要条件。其次看针脚，所有针脚都要细致，在接口及受力点，需要双保险线。

2. 婴儿背带的使用方法

奶爸先将宝宝放在旁边一个与腰部齐平的平面上，然后将已经选择好的背带自己穿好，将背带的纽扣和带子都扣好。然后再将宝宝小心地放入背带里面，要注意托住宝宝的头，然后将背带前后都系好，将背带上所有的扣子都扣好，不扣太紧也不宜太松，要让宝宝被背带背着也会很舒服。一切都准备好了之后，奶爸就可以放心地将宝宝背起来了。

3. 婴儿背带的清洗与保养

用温和的清洁剂清洗背带，请勿使用漂白剂以避免宝宝过敏。不用时请将背带放于干燥处避免背带潮湿。请勿将背带放置在火源旁边或屋外，以免配件或其他织带部分遇水或遇热时变质，继而发生意外。

4. 使用婴儿背带的注意事项

使用前请先检查塑钢扣环是否牢固，使用婴儿背带时，可以将背带系得高一些，利用髋部以上的部位承受宝宝的重量。使用完要解开背带时，最好坐在床上或椅子上比较安全。

专家提醒

婴儿背带每次使用时间不宜过长。时间长了，奶爸奶妈会觉得很累，而且热气无法散发，双方都会感到很热。

婴儿背带只是作为一种辅助工具，一般在出行不便或者过于繁忙腾不开手的时候使用，而且每次连续使用时间不应超过2小时。

遛娃神器：婴儿手推车

手推车是最适合婴儿的交通工具，更是爸爸妈妈带上宝宝外出时的必需品，根据宝宝的成长、使用用途，手推车可以分很多种类，主要依照载重量为标准。

婴儿手推车一般分为两类：一类是坐、卧两用婴儿车；一类是外出时专用的便携式折叠婴儿专用车。

1. 婴儿手推车的适用范围

坐卧两用的婴儿手推车：适合1岁以前的宝宝使用。这种车一般体积较大，但功能较多，车厢可以按不同角度调节靠背，既可以给宝宝当床、当摇篮，也可以把靠背扶起，让学会坐的宝宝倚靠。两用车带有较大车篷和遮阳纱，方便宝宝外出。

便携式的婴儿手推车：便携式婴儿手推车轻巧、可折叠，更适合带1岁以后的宝宝外出游玩。

2. 婴儿手推车的选购

在选购婴儿手推车时除了颜色和图案外更要注意检查质量，仔细审视车身结构，检查各结合处是否牢固，还应把宝宝放入车内试坐，仔细检查车的轮子和刹车是否灵活，使用前应仔细阅读说明书。

此外，尽量选择宝宝可以面对父母坐的婴儿手推车，有研究表明，在婴儿车里背对着父母坐着和面对父母坐着的宝宝，无论行为还是情绪上都存在着极大区别，后者明显会比较有安全感和比较放松，也更容易入睡。

3. 使用婴儿手推车的注意事项

（1）使用婴儿手推车的时间不能太长，否则会造成宝宝肌肉负荷过重而影响发育。另外，让宝宝长时间单独坐在车里，也会减少与你的交流，从而影响宝宝的心

● 使用婴儿手推车的时间不宜太长

理发育。

（2）婴儿手推车不能在高低不平的路上推。

（3）宝宝坐在婴儿手推车内始终不能离开你的视线。

（4）要检查车身及宝宝接触的部位，不能有锋利的尖角、突出和容易脱落的小部件，以防宝宝被划伤。

（5）宝宝手脚接触的地方不能有夹缝，以防止手脚被卡住。

（6）车座不能过浅，以免宝宝翻出。

（7）要经常检查刹车是否正常。

（8）宝宝坐婴儿手推车时，要系上安全带，不要在车内和把手上放其他重物，不要压迫宝宝腹部。

宝宝外出可乘坐的交通工具

一般情况下，婴儿期的宝宝不建议长途外出，如必须外出时应做好充足的准备，并根据实际情况选择合适的交通工具。如晕车的奶爸最好选择乘坐火车，如果路途太远则选择乘坐飞机，路途稍远，可选择乘坐大客车，短途旅行乘坐私家车较方便。

1. 乘坐私家车

自己开车旅行是最方便的，奶爸要先了解整个旅途，然后把它分解成几段，安排好停车时间，定时让宝宝下车舒展一下四肢，开车时要注意安全。

让宝宝坐在儿童安全座椅上，坐后排，系上儿童专用安全带，如果没有，大人抱宝宝坐在后排座上，因为后排相对于前排是比较安全的地方。但一般情况下，大人最好不要抱着宝宝坐车。

使用活动的遮阳板为宝宝遮挡阳光，防止晒伤。为宝宝带一条小毛巾被，宝宝睡着后可以防寒。也可以准备一个枕头，这样妈妈可以用来垫手。但小宝宝因长途跋涉、颠簸而有可能损伤头部的细小血管；还会因车内空气稀薄不流通而倍感烦躁。

建议：每隔1～2小时下车休息，呼吸新鲜空气。对于0～3岁宝宝的家庭应尽量选择距离比较近的地域，行车时间控制在4～5小时之内比较适宜。

● 给宝宝使用儿童安全座椅

关车门时一定要看看宝宝的手、脚、胳膊是否在安全的地方，防止夹伤宝宝。车启动前要将车门锁上，避免好动的宝宝不小心扣动了车门开关。

车窗尽量不要开着，一是为了防止宝宝被风吹着，二是防止宝宝将手伸出窗外。奶爸开车时，车速不要太快，同时应避免急刹车。

将宝宝放进车后必须有人陪伴，禁止让宝宝单独呆在汽车内。

2. 乘坐火车

火车比较平稳，适合长途旅行，如果旅程超过4小时就应该购买卧铺票，而且必须是下铺，软卧相对人少，环境也更好。乘车时间尽量选择在晚上发车早上到达。上车前必须做好充分的准备，为宝宝准备足够的食物、尿片、衣物、宝宝喜爱的玩具及应急药物等。在车上可以让宝宝到处看看，适当地与周围的人交流。但火车内的空气污浊，宝宝容易感染呼吸道疾病，建议在火车上尽量给宝宝多喝水，注意冷暖适中。

3. 乘坐飞机

出生14天以后、身体健康的宝宝就可以乘坐飞机了。宝宝乘飞机时应多喝水，准备好衣服，适当加减衣服。尽量选择在宝宝睡觉的时间段坐飞机，父

● 飞机起降时尽量使宝宝保持清醒状态

母会轻松一些。宝宝的各个器官在婴儿期正处于快速生长发育的阶段，飞机的起飞和降落落差较大，对宝宝的耳道内鼓膜会造成较大压力。因此建议在飞机起飞和降落时，尽量使宝宝保持清醒状态，可以喂水或喂奶，万不得已可以使宝宝哭几声，都有助于减轻鼓膜压力。不过，建议6个月内的宝宝尽量不乘飞机旅行。

4. 乘坐长途汽车

坐长途汽车时应把宝宝抱在身上，抓好扶手，避免走动。千万要记住不要让宝宝的手伸到车窗外。

旅行车每个车座后面都有把手，如果刹车时宝宝坐在父母身上，背对父母，可能会磕到宝宝的脑门；如果刹车时宝宝坐在父母身上，面对父母，可能会磕到宝宝的后脑勺。所以父母随时随地都要注意保护好宝宝，注意力要高度集中在宝宝身上，以预防碰伤。尽量不要在汽车开动时给宝宝喝水或牛奶，防止呛咳。不要让宝宝把玩具放到口里，防止窒息的发生。

准备好充足的食物和水，在停车时好让宝宝进食。

对于晕车的宝宝，要分散其注意力，尽量哄宝宝睡觉。

乘坐汽车容易让宝宝感染呼吸道疾病，要适当开窗通风，给宝宝多喝水。下车后及时给宝宝洗澡及换衣服。

上下车时最容易夹伤，因此在上下车时最好让司机注意到你，可以和司机打声招呼，告诉他有小孩，慢一点儿。

 **宝宝也会晕车**

在长途旅行中，不论是坐火车、坐船、坐飞机，宝宝都有可能出现眩晕现象，医学上称为"晕动症"。为什么会发生晕车呢？这是因为有些人的内耳前庭和半规管过度敏感，当乘坐车船时，由于直线变速运动、颠簸、摆动或旋转时，内耳迷路受到机械性刺激，出现前庭功能紊乱，从而导致晕车、晕船等。它的主要表现是在途中突然发生头晕、恶心、呕吐、面色苍白、出冷汗、精神抑郁、脉搏过缓或过速，严重者可有血压下降、虚脱。

家有晕车宝宝，坐车前要备一个塑料袋，呕吐时将呕吐物接在里面，以免污染环境，影响他人。准备好手纸及水，给宝宝擦净嘴角，清洁口腔，消除不良气味。

 如何预防宝宝晕车

看到宝宝遭受晕车的罪，真是心疼不已，那么如何预防宝宝晕车呢？

1. 少吃零食

宝宝坐车时要少吃零食，如果宝宝吃的零食过多，尤其是高脂肪或油炸的食物，食物在胃中膨胀，容易使宝宝血液循环缓慢，从而影响脑部供血和供氧，导致宝宝眩晕。

2. 分散宝宝注意力

乘车过程中可以让宝宝听音乐，给宝宝讲故事，或者准备一些宝宝特别喜欢的，又不会对宝宝造成意外伤害的玩具，但不能在车上看书。应把宝宝的注意力引到车前的景物上，不要让他望着路边。还可以让宝宝放松，尽量安抚宝宝入睡。

3. 确保充足的睡眠

乘车前一天保证宝宝充足的睡眠，选择在宝宝没有生病的情况下乘车，因为身体状态差的情况下更加容易晕车。

4. 坐在前排位置

出门带宝宝乘车时尽量选择前排位置。因为前排相对比较平稳，没有后排颠簸得那么厉害，且车身的移动与车辆行进方向不同，可减少晕车的发生。

5. 呼吸新鲜空气

把车窗开个缝，让新鲜空气吹进来。如果宝宝面色苍白，或是异常安静，要将车停下来，下车透透气。

 乘飞机旅行的用物

经过长时间的计划和安排，终于可以带上"百宝箱"和宝宝一起乘飞机去旅行了。让我们一起来看看"百宝箱"里都有什么吧。

1. 爸爸妈妈的衣物、日用品、身份证、机票、宝宝的出生证明、户口本、机票等等。

2. 为宝宝准备充足的食物，奶粉、奶瓶、保温杯、小零食都必须带好。如果是母乳喂养的宝宝则需要准备一块消毒的毛巾。只有吃饱了，才能让宝宝保持愉快的情绪。

3. 为宝宝准备充足的衣物。在旅途中，宝宝可能会吐奶，或喝水时将水洒一身，本来不尿裤子的宝宝，因为环境的改变，也可能会尿裤子或尿床，因此多准备一些衣物可以带来很多方便。奶爸也要考虑天气的变化，给宝宝准备一些适应气候的衣服。除了衣服之外，袜子、鞋子、帽子、隔汗巾都要准备充足。

4. 为宝宝准备好洗护用品，包括婴儿专用干湿纸巾、婴儿沐浴露、婴儿洗发水、防晒霜等。

5.带着宝宝出门在外，宝宝难免会有生病，奶爸可为宝宝准备一些常用药，在到达医院之前，这些自带药可以处理简单的状况。用物包括：一个婴儿专用体温计、退热药、消炎药、止泻药、抗过敏药、驱虫药、棉签、创可贴等。

6.其他物品。玩具能让宝宝享受出行，爸爸妈妈可带上宝宝喜欢的玩具、故事书。还应准备尿布袋或用来装脏尿布的塑料方便袋。也可以为宝宝准备一个安抚奶嘴，这样可以防止宝宝在飞机起飞和开始降落的时候因为不舒服而哭闹，帮助他安静下来。

带宝宝外出游玩，还有一样不能忘记的物品就是相机，可以随时随地给宝宝留影，留住宝宝成长的精彩瞬间。

还可以准备一部轻便可折叠的婴儿车，这样可以节省很多体力。

飞机旅行前的准备

首先，飞机旅行必须是在宝宝身体健康的情况下完成，所以，在准备外出前的一段时间里要特别精心地呵护宝宝，防止感冒。

奶爸要做好详细的计划，包括吃、住、行的安排等。

买机票时奶爸要准备好身份证及宝宝的户口本和出生证明。根据民航部门的相关规定，14天～2周岁的婴儿坐飞机需购买婴儿票，价格是成人全票价的10%，免收机场建设费与燃油附加税，但不提供机上座位。一般机票代理商是不允许卖婴儿票的。可以在乘机当天，提前一会儿到机场，在换登机牌的时候买婴儿票即可。

尽量提前到机场换票，跟换票人员说明自己是带宝宝旅行，一般可以要求工作人员安排一个好一点的座位。

 **购物把握六要点**

宝宝一天天长大,需要的物品也越来越多,爸爸妈妈们少不了要经常带宝宝外出购物,但脆弱的宝宝需要无时无刻的精心呵护,爸爸妈妈们可得注意了。

1. 外出时间

应选择天气较好的情况下带宝宝外出,太热了容易中暑,太冷又容易感冒。夏天可选择在早上和傍晚,冬天则应该选择在太阳出来、气温较高的时间。

2. 物品准备

不论外出时间长短都应做好物品的准备,以防万一。首先应另外准备干净的衣服至少一套,其次隔汗巾、尿片、干湿纸巾、奶粉、奶瓶、温开水等均应备好。

3. 商场安全

不管在任何地方都必须保证宝宝在视线范围内,不能让宝宝单独呆在婴儿车内,以防丢失;也不能让宝宝一直躺在婴儿车内,要适当搂抱,或让宝宝在地上活动活动。

不能让宝宝随便吃免费试吃的食物。

乘坐电梯时要抱好宝宝,抓好扶手,一般情况下建议带宝宝乘坐直达电梯,尽量避免乘手扶电梯。

● 带宝宝外出购物可以锻炼宝宝的观察能力

4. 预防感冒

要根据商场内的温度适当地给宝宝加减衣物。如果宝宝衣服汗湿,要用毛巾隔好。

5. 分享见闻

在购物过程中,爸爸

妈妈可以一边走一边给宝宝讲解所见所闻，增长宝宝见识，还可以让宝宝养成观察事物的好习惯。

6. 沐浴更衣

购物完毕后应尽快带宝宝回家，回家后洗澡更换家居服。

 宝宝外出吃饭贴心攻略

"民以食为天"，很多奶爸奶妈们喜欢带宝宝外出吃饭，但在医院的急症科却有很多因为吃饭而生病的急症宝宝。所有奶爸们应该高度重视。

1. 物品准备

奶爸奶妈们永远都有一个需要随身携带的百宝箱，而这个百宝箱里随时准备了宝宝衣服、尿片、隔汗巾、干湿纸巾、奶粉、奶瓶、温开水等。

2. 交通工具

如果远的地方可以选择乘车，如果是近的地方婴儿手推车也是不错的选择，或者爸爸妈妈们徒手搂抱宝宝会更开心。

3. 餐厅安全

在餐厅里要避免宝宝磕碰，远离尖锐物品，要适当为宝宝加减衣物，防止感冒。不能让宝宝离开大人的视线，防止丢失。

4. 食物安全

避免宝宝吃生冷的食物。食用有骨头或刺的食物要特别小心挑选，防止

● 带宝宝外出用餐最好自带餐具

窒息。婴儿发生食物过敏的几率比成人要高很多，如果宝宝是过敏体质，食用含鱼、虾、蟹等食物时就有致敏的可能，应注意观察。很多疾病都是经口、消化道传播的，宝宝抵抗力差，更要格外留心。

5. 勿停留太长

餐厅人多且杂，宝宝容易感染疾病，建议吃完饭后尽快离开，回家后大人宝宝都要洗净双手。

专家提醒

带宝宝外出吃饭时一定要注意饮食卫生，避免生食，注意餐具卫生，最好自己携带宝宝专用的餐具。

外出时如何换尿布

带宝宝外出时因换洗不方便，且奶爸注意力分散，不能及时掌握宝宝排便时间，容易尿湿衣裤，进而容易导致宝宝受凉。因此，外出时最好给宝宝换上一次性纸尿裤，以减少更换尿布的次数。

更换尿布时，要找个凳子坐下，如没有则蹲下身来，把宝宝放在铺好毛巾的腿上，平卧，奶爸左手抓握宝宝双足，去掉脏尿布，用湿纸巾清洁臀部周围。如果大便污染了尿布，把沾有大便的部分折到尿布里面，干净部分垫到宝宝臀下。有条件的情况下，可用温水轻轻由前向后，清洗生殖器、会阴部、臀部，然后用毛巾轻轻擦干。最后，换上干净尿布。

宝宝外出要防晒

防晒，即使用防晒用品，如防晒霜、太阳伞、太阳帽等遮挡阳光，削减紫外线对宝宝皮肤的伤害，保护宝宝的皮肤，防止宝宝的皮肤过度曝晒而导致皮肤病。防晒不完全是为了美容，而是为了身体和皮肤的健康。

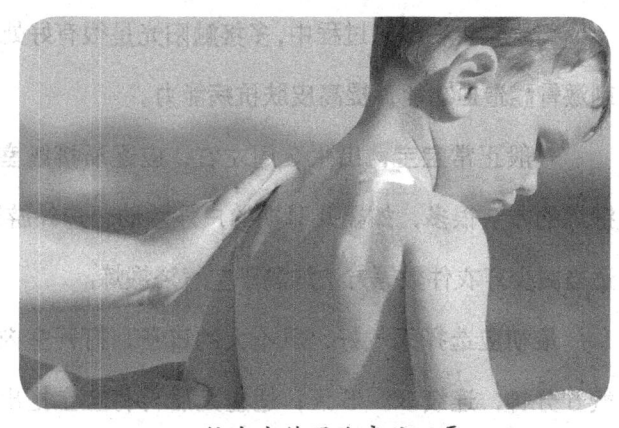
● 给宝宝使用儿童防晒霜

6个月以内的宝宝：利用遮阳工具防晒。6个月以内的宝宝，还不能自由活动，任由你"摆布"。所以，带他到户外时，应选择阴凉的地方，或推着有遮阳篷的童车，也可以打把遮阳伞。

6个月以上的宝宝：使用儿童防晒霜。尤其是宝宝会走以后，就更要给他用防晒霜了。要选择没有香料、没有色素、对皮肤没有刺激的儿童专用物理防晒霜。而且在户外活动时，每隔2～3小时就要重新涂抹1次，紫外线强烈时，即便是婴儿涂上了防晒霜，如果直接暴露于较强的太阳光下，同样会受到紫外线的伤害。另外，最好给宝宝戴上宽檐、浅色的遮阳帽，穿透气的长袖薄衫、长裤。

阳光强烈时，要尽量避免带宝宝出门，如果不得不带宝宝外出，奶爸最好把宝宝抱起来，以防地面阳光的反射，并且打遮阳伞。

 空气浴有利宝宝健康

空气浴是利用空气的温度、湿度和气流与人体表面的温差刺激人体，通过神经系统的反射作用，提高人体体温调节的功能，增强机体适应外界气温变化的能力，促进新陈代谢，增强肺功能，减少呼吸道疾病。新鲜空气更有利于婴幼儿的身体健康。

新生宝宝在成长过程中，多接触阳光是很有好处的。可以预防宝宝佝偻病，刺激骨髓造血功能，提高皮肤抗病能力。

一般正常宝宝，出生3周左右，应逐渐接触室外空气。利用空气浴进行锻炼的方法很多，如婴儿时期的户外活动、户外游戏、开窗睡眠、户外睡眠、适当减少穿衣件数等方法均属于空气浴锻炼。

最初应选择天气好、风不大的日子，打开室内窗户，使宝宝接触室外空气5分钟，连续3～5天，适应之后再将宝宝抱出室外。抱出室外时，要选择宝宝情绪好、身体好，天气晴朗、风和日暖的日子。如果宝宝有病或精神状态不佳则应暂停空气浴。

进行室外空气浴的最佳时间是：春、秋季节上午10点到下午2点左右；夏天上午10点或下午3点之后；冬天在午饭前后。到室外进行空气浴，最初的时间应掌握在5分钟左右，持续3～5天。以后逐渐增加到10～20分钟。最好能坚持每日室外空气浴。如果天气不好，只需打开窗户，不要抱宝宝去室外。

● 适当进行空气浴有助宝宝健康

宝宝日光浴好处多

日光浴有促进血液循环、强化骨骼和牙齿、增强食欲、促进睡眠的作用，并且能促进黄疸消退。可在中午日光照射好的房间打开窗户（通过玻璃的日光浴起不到作用），开始让日光晒足部，以后逐渐增加到膝部、大腿、臀部、胸部等，直到全身，但不要直接晒头部，尤其是眼睛。开始晒4～5分钟，持续3～5天，以后逐渐增加到10分钟、20分钟、30分钟，最长不要超过30分钟。头部应置于阴凉处，待宝宝入睡时再进行日光浴，或者给宝宝戴上帽子。

不过需要注意的是，如果宝宝有病或精神状态不佳则应暂停日光浴。

 抚触，让宝宝快乐成长

很多奶爸认为月子里的小宝宝大多数时间都处于睡眠状态，让他穿好睡好就万事大吉了，实际远非如此。宝宝在妈妈子宫里10个月，是生活在一个温暖、舒适、安全的环境里，并且得到了充分的营养，可是出生后来到了一个陌生的环境，这时的宝宝需要安全感，需要爸爸妈妈的爱抚与亲近。研究表明，经常被抚摸的宝宝长大后情商都比较高，因为在抚摸的同时，宝宝能感受到爸爸妈妈对他的爱。抚摸是婴儿神经和体格发育不可缺少的营养品。给宝宝按摩要遵循一定的顺序：先头部，后胸部、腹部，再按摩手部和腿部，最后是背部。并且按摩时手法一定要轻柔，时间不要太长，5～10分钟即可。

1. 头部：将宝宝平放在床上，奶爸轻轻按摩宝宝头顶，用拇指在头顶做画圈运动，但要避开囟门，再按摩脸的侧面，用指腹从中心向外按摩前额，之后从额部中央移向眉毛和双耳。

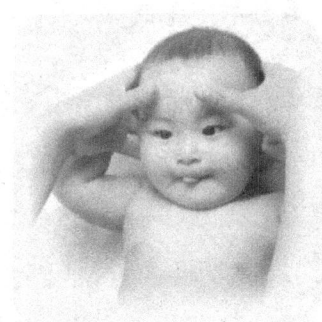  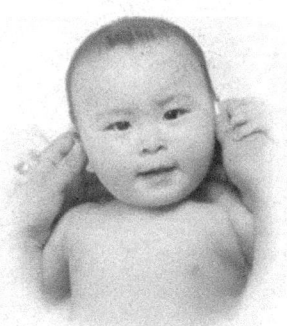

● 头部抚触

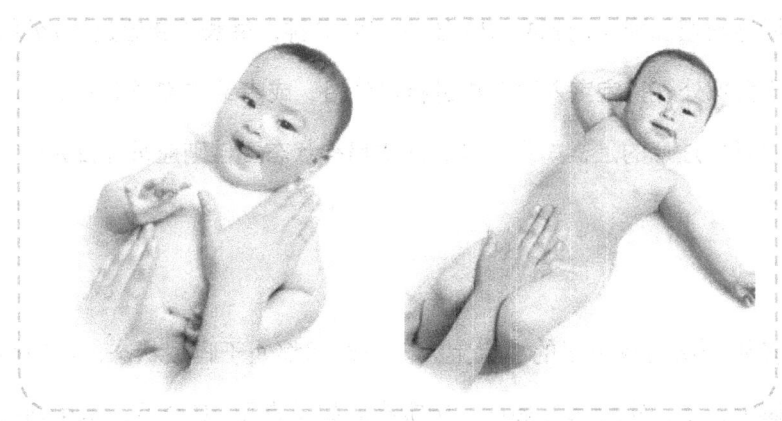

● 胸腹部抚触

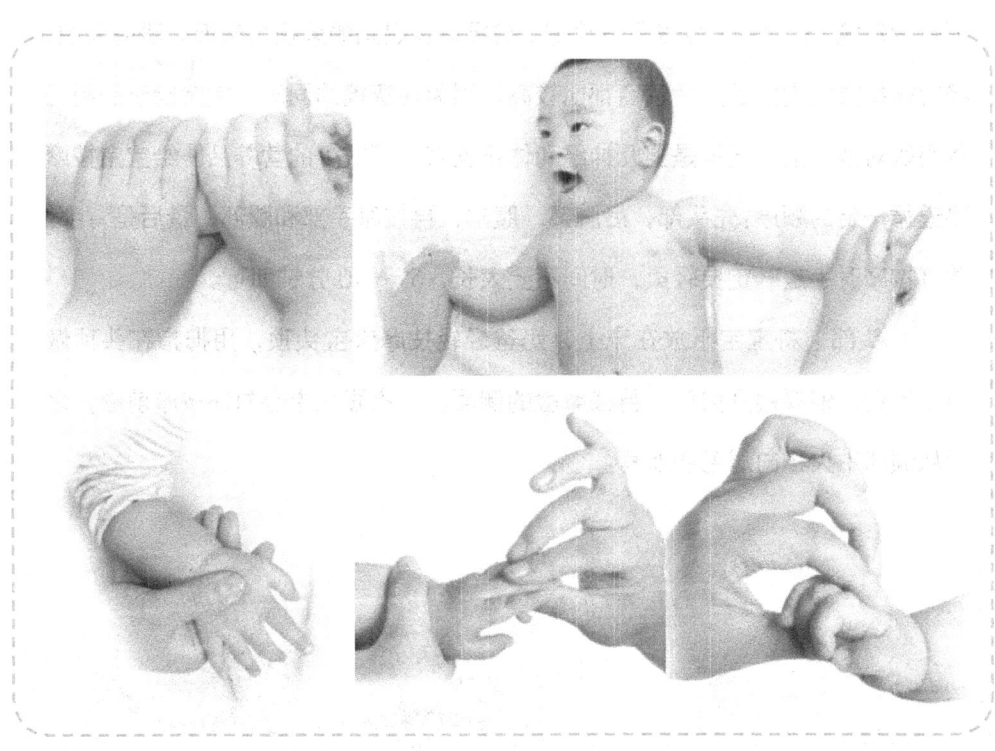

● 上肢抚触

2.胸部：将宝宝平放在床上，解开外面的衣服，奶爸双手放在宝宝两侧肋骨边缘，右手向上滑向他的右肩，再复原，左手以同样方法做一次。

3.腹部：将宝宝平放在床上，解开宝宝外面的衣服，奶爸按顺时针方向按摩宝宝的腹部，也可以用指尖在宝宝腹部从自己的左方朝右方慢慢移动。胸腹部做完按摩之后，应立即给宝宝的上身盖上保暖的小衣服或小被子。

4.上肢：将宝宝平放在床上，用一只手捏住他的胳膊，再轻轻挤捏从上臂到手腕的部分，然后用手指按摩他的手腕，双手夹住宝宝的手臂，上下搓滚，并轻捏手腕和小手，之后，在确保宝宝手部不受伤害的前提下，用拇指从手掌心按摩至手指。

5.腿部：将宝宝平放在床上，先用双手按摩宝宝的大腿、膝部、小腿，再挤捏大腿至踝部，按摩脚踝及足部，然后双手夹住小腿，上下搓滚，并轻拈宝宝脚踝和脚掌，最后用拇指从脚侧后跟按摩至脚趾。

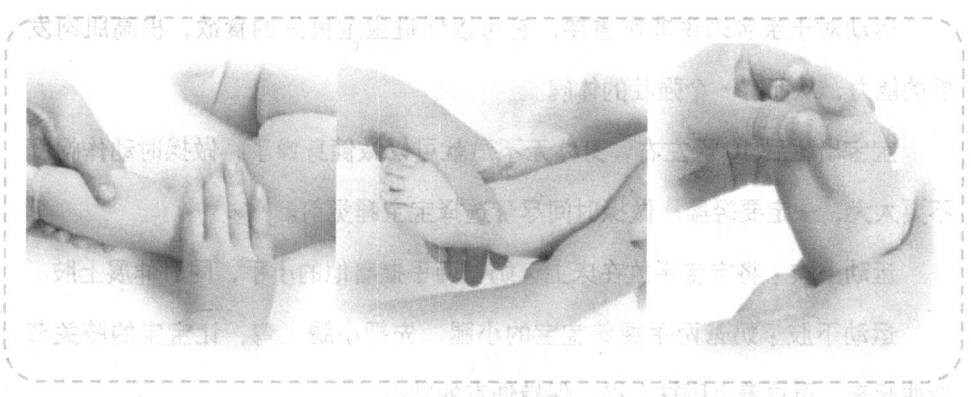

● 腿部抚触

6.背部：让宝宝趴在床上，注意要把宝宝的上身稍稍垫高，避免口鼻压在床上造成窒息。奶爸将双手平放在在宝宝背部，由颈部向下进行按摩，再用指尖轻轻按摩脊柱两边肌肉，再从颈部向底部做"月牙形"的迂回运动。

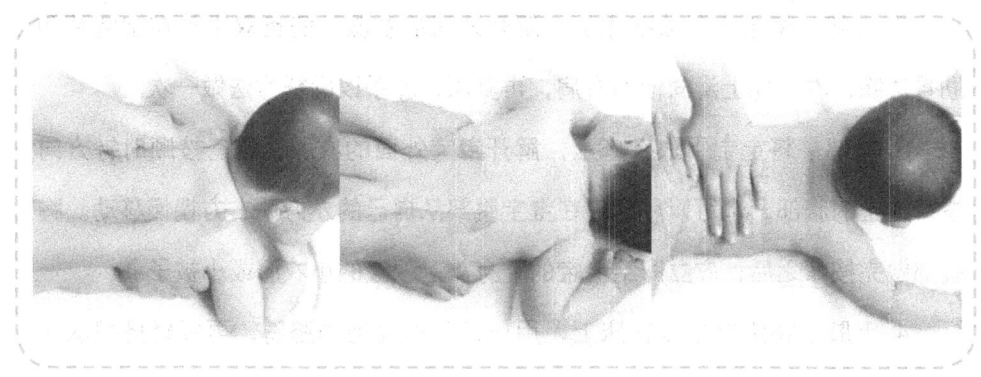

○ 背部抚触

抚触是奶爸送给宝宝的一件无法估价的珍贵礼物，是奶爸为宝宝亲手搭建的最坚固的亲情城堡，经常有人抱并得到爱抚的宝宝，长大后更容易拥有乐观自信的性格，学会爱与被爱。婴儿抚触方法简单，不需花钱，奶爸应坚持做。

有益宝宝的体操

运动对于宝宝来说非常重要，它可以促进宝宝良好的食欲，提高肌肉发展的能力，从而有一个强壮的体魄。

宝宝出生后 10 天左右，身体无不适就可以做健身操了，做操时动作幅度不要太大，一定要轻柔。做操时间尽量选择宝宝睡觉前。

运动上肢：将宝宝平放在床上，奶爸两手握着他的小手，同时伸展上肢。

运动下肢：奶爸两手握着宝宝的小腿，先把小腿上弯，让宝宝的膝关节弯曲起来，再拉着小脚往上提，保持伸直的状态。

运动胸部：奶爸的右手放在宝宝腰部下方，把他的小腰托起来，再用手把宝宝向上抬一下，让他的胸跟着动一下。

运动腰部：抬起宝宝的左腿，放在右腿上，让身体跟着一扭一扭，这样腰部就会跟着运动起来。再把右腿放在左腿上，做同样的运动。

运动颈部：让宝宝趴下，这样宝宝的头就会抬起来，就活动了颈部。但父母一定要守在旁边，防止宝宝口鼻捂住窒息。

运动臀部：让宝宝趴下，奶爸用手抬起他的小脚，小屁股就会跟着一动一动的。

专家提醒

宝宝体操与宝宝抚触相比较，体操可以活动宝宝的骨骼和全身肌肉。

新生宝宝健身"四大法宝"

"抱、逗、按、捏"是新生宝宝健身的"四大法宝"，对新生宝宝的身心健康具有重要作用。

"抱"是亲子感情信息的传递，是新生宝宝最轻微、最适宜的运动。有的奶爸怕惯坏了宝宝而不敢多抱宝宝，这对宝宝的身心健康和生长发育是极为不利的。为了培养宝宝的感情、思维，特别是在哭闹这种特殊的语言要求下，奶爸要适当地多抱抱宝宝。

"逗"是新生儿期最好的一种娱乐形式。逗可以使小宝宝高兴得手舞足蹈，使全身的活动量进一步增强。常被逗乐、与之嬉戏的宝宝要比长期躺在床上很少被过问的宝宝表现得活泼可爱，对周围事物的反应显得更加灵活敏锐。

"按"是指奶爸用手掌给宝宝轻轻地按摩。给宝宝先取俯卧位，从背部至臀部、下肢，再取仰卧位，从胸部至腹部、下肢，各做 10～20 次。按不仅能增强对胸、背、腹肌的锻炼，减少脂肪的沉积，促进全身血液循环，还可以增强心肺活动量和胃肠道的消化功能。

"捏"是指奶爸用手指捏揉新生儿。可以比按稍加用力，可以使宝宝全身和四肢肌肉更加坚实。一般从四肢开始，再从两肩到胸腹，各做 10～20 次。

在捏的过程中，宝宝胃液的分泌和小肠的吸收功能均有增进，特别是对脾胃虚弱、消化功能不良的宝宝效果显著。

"抱、逗、按、捏"四注意

1. 食后2小时进行

除了抱以外，在"逗、按、捏"宝宝时，均不宜在进食中或刚进食后进行，最好在食后2小时进行，以免宝宝呕吐，甚至呕吐物误吸入气管导致呛咳、窒息。

2. 动作轻柔

操作手法要轻柔，避免过度用力，以让宝宝感到舒适、满足为度。

3. 保暖

要注意给宝宝保暖，避免受凉。

4. 表情自然大方

在与宝宝逗玩时，表情要自然大方，不要做过多的挤眉、斜眼、嘟嘴等怪诞的动作，以免给宝宝留下深刻印象，经常模仿而形成不良的"病态习惯"，将来不好纠正。

逗引宝宝多抬头

如果宝宝俯卧时抬头可达45°～90°，此时，奶爸奶妈可用鲜艳的、会响的玩具在宝宝趴着时逗引他抬头。

抬起头，视野更开阔，宝宝智力也可以得到发展。当然宝宝的抬头需要奶爸的帮助。当宝宝吃完奶后，扶其头靠在奶爸肩上，然后轻轻移开手，让宝宝自己竖直片刻，每天可做4～5次；也可在宝宝空腹时，将宝宝头扶至正中，奶爸双手分别放在宝宝头部两侧，逗他抬头片刻；也可以让宝宝趴在床上，用小铃铛、拨浪鼓或呼宝宝乳名引其抬头。

当宝宝锻炼完后，应轻轻抚摸宝宝背部，既是放松肌肉，又是爱的奖励。宝宝锻炼完后可能累了，应让他仰卧床上休息片刻。

抬头锻炼可促使颈部肌肉发育。

● 抬头可锻炼宝宝颈部肌肉的发育

 爬行益智健身

宝宝有爬行和迈步的先天条件反射。当宝宝洗完澡，感受到皮肤抚摸后，会感觉很舒服，此时，你用手掌抵住宝宝足底，他就会向前爬，每次1～2分钟，一天1～2次即可。这样宝宝的颈部及背部肌肉可得到锻炼，四肢会越加有力，体质将得以增强。

在俯卧练习抬头的同时，可用手抵住宝宝的足底，虽然此时宝宝的头和四肢尚不能离开床面，但宝宝会用全身力量向前方"蹿"行，这种类似爬行的动作是与生俱来的本能，称为匍匐爬行。

最开始宝宝不能很好掌握爬行技巧，所以可能是向后退的爬行方式，因此奶爸在后面做的抵脚动作作用很大，能很快让宝宝掌握爬行技巧。如果没有这种训练，有些宝宝要到11～12个月时才能爬，或者根本不会爬，就直立行走。

对宝宝进行爬行训练的目的，不是让宝宝马上会爬，而是通过练习促进宝宝大脑感觉统合的健康发展，也是开发智力潜能、激发快乐情绪的重要方法。

新生宝宝游泳益处多

新生儿游泳是一种保健活动,它通过大量温和、仿母体子宫羊水的水质,刺激宝宝在水中自主地全身运动,从而调节宝宝消化、神经、心血管、免疫等系统功能;增强宝宝食欲,提高免疫力,促进骨骼发育;并能提高宝宝的大脑功能,促进大脑对外界环境的反应能力、应激能力和智力发育,最重要的是能够提高情商。

新生宝宝离开母体先"游泳",首先可以帮助宝宝渐渐地适应外部环境,降低宝宝患病的概率。同时,水作用于宝宝皮肤,刺激宝宝中枢神经,可促进宝宝大脑发育。宝宝在水中尽情手舞足蹈,也有利于骨骼肌肉系统的发育,并可促进血液循环,增加肺活量。

● 游泳有助于宝宝发育

游泳使新生宝宝得到天然的活动,水的静水压、浮力、冲击将会对宝宝皮肤、骨骼和五脏六腑产生轻柔的爱抚,可促进宝宝各种感觉信息的传递,引起全身包括神经、内分泌、消化系统等一系列良性反应,锻炼心肌,促进睡眠,提高机体免疫力。

游泳分三步

胎儿在妈妈的子宫内始终处在羊水的包围中,游泳是新生宝宝与生俱来的本领。游泳的最佳年龄段是出生后3天至6个月,游泳的水温应控制在38℃~40℃。游泳分为以下三个步骤:

1. 游泳前给宝宝按摩并与宝宝交流。

2. 同步感觉组合刺激游泳：在同步感觉刺激游泳过程中，除了新生宝宝在水中划游，还要播放悠扬的音乐，父母在旁边进行护理。水温保持在38℃～40℃，每天早、晚还要进行清洁消毒。在宝宝游泳过程中，一定要保证宝宝的安全。

3. 游泳后的安抚性按摩。

 识隐患安全游

1. 交叉感染的可能

婴儿游泳活动一般在室内开展，室温、水温常年恒定，需常年使用空调并保持室内密闭，婴儿游泳室人流繁杂，多名家长陪伴左右，空气流通差，是细菌滋生的有利环境。游泳池水更换方法、毛巾及空气的消毒效果、工作人员健康状况都会影响婴儿健康。如有患病母亲（如肝炎、梅毒等传染病）的婴儿游泳过后消毒不严或者没有单独使用游泳设备，容易造成其他婴儿感染的隐患。婴儿是特殊人群，各方面发育不完善，特别是低体重儿，加之婴幼儿免疫力低下，容易导致上呼吸道感染。如果是混合游泳，游泳人数增加有可能导致水细菌污染，导致腹泻发生率增加。

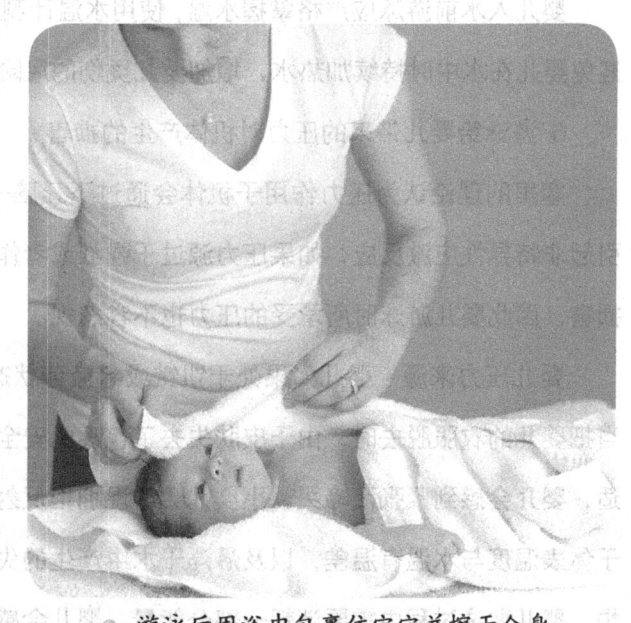
游泳后用浴巾包裹住宝宝并擦干全身

2. 脐部感染的可能

建议新生儿待脐带脱落以后再游泳，以防止脐部感染。供婴儿游泳的水，最好经过专业净化和过滤，以防止新生儿脐部及皮肤感染。

3. 婴儿游泳还可能存在其他安全隐患

有新闻报道1例婴儿游泳致严重虚脱和一过性脑缺氧；2009年5月上海《新民晚报》报道1名出生仅5天的婴儿在医院游泳时发生意外，宝宝脚趾被卡水池遭截肢；上海《新闻晨报》2006年2月报道1例2个月大婴儿因家中游泳池水温过高导致窒息。

4. 婴儿游泳意外

婴儿因自身和外界环境因素，可能在游泳过程中发生意外和人身损害。主要有婴儿急哭、婴儿面色突然潮红或发白、紫绀，空腹游泳发生低血糖休克、游泳后颈部皮肤红疹、脚趾卡断、溺水等意外。

5. 水温过高或过低引起烫伤或着凉

婴儿入水前游泳应严格掌握水温，使用水温计测量水温，避免用手测水温，避免婴儿在水中时持续加热水，增加婴儿烫伤的风险，或水温过低引起着凉。

6. 游泳给婴儿带来的压力对机体产生的损害

塞里的理论认为压力作用于机体会通过下丘脑—垂体—肾上腺轴（HPA）引起非特异性应激反应，如果压力源过于强烈或者作用持久，将会对机体产生损害，因此婴儿游泳时所承受的压力也不容忽视。

婴儿压力来源：婴儿如果处于饥饿或者疲劳状态时无法进行有效的游泳。当把婴儿的衣服脱去时，由于皮肤失去了包裹的安全感和与环境的温差引起不适，婴儿会感到紧张而啼哭，小婴儿会出现拥抱反射。将婴儿放入水中时，由于体表温度与水温有温差，以及悬浮于水中产生的失重感，都会使婴儿感到恐惧。婴儿游泳过程中需要消耗一部分能量，婴儿会感到饥饿和疲乏。

走出婴儿游泳的误区

有人误以为游泳适合所有的婴儿，婴儿游泳越早越好，婴儿游泳时间越长越好，婴儿游泳活动是件很容易的事，在家里可以用浴缸替代专用游泳池……这些都是错误的观念。

其实游泳并不适合所有的婴儿，如果婴儿 Apgar（阿普卡）评分小于 8 分、NBNA 小于 36 分、颅内出血的婴儿、低体重的早产儿、婴儿有皮肤破损及其他疾病需要治疗时，是不适合游泳的。如果宝宝患有先天性心肺功能方面的疾病，或者家长有类似病史，不要随便进行游泳的活动。

婴儿游泳并非越早越好，奶爸不要盲目跟风，何时开始游泳，应根据自家宝宝的具体情况而定。

婴儿游泳时间并非越长越好，在水中的时间过长，运动量过大，会造成宝宝疲劳，严重者会出现虚脱现象。每次游泳的时间应根据宝宝的具体情况而定，以不过度疲劳为原则。

让宝宝安全舒适地进行游泳并非是件容易的事，因为游泳的室温、水温、设备都有严格的要求。同时相关人员应掌握一些基本的医疗护理常识和参加培训后才可以给宝宝进行游泳，否则婴儿游泳时出现疲劳等现象不能正确识别、及时处理。

给婴儿游泳一定得用安全、保温的专用设备。浴缸体积过大，浴缸壁很滑，都容易出现溺水现象。

宝宝在家游泳奶爸须知

宝宝是否可以在家游泳应根据家庭条件及宝宝情况酌情安排。在家游泳的好处是游泳设备单独使用，宝宝不与外界接触，交叉感染的机会减少。不足之处是不容易及时发现和处理突发事件。

宝宝游泳如果在家里进行，奶爸一定要接受专业培训，掌握操作规程。在游泳过程中和宝宝保持安全距离在一臂之内，控制浴室的温度和水的温度，不得离开宝宝，不得分心。掌握一些宝宝游泳的基本技巧，严格控制宝宝在水中的时间和运动量，密切观察宝宝的情况，了解宝宝游泳万一发生的意外情况及其处理方法，一旦发现宝宝出现异常症状应及时终止游泳。还应注意保持游泳设备的干净和严格消毒，使用专用婴儿泳缸。

● 宝宝在家游泳要注意设备的消毒

 哭声响亮的宝宝身体壮

生命在于运动，运动能强壮身体，这也是宝宝增强消化能力的关键环节。婴儿时期，宝宝还不会坐立和走动，整天躺在床上或摇篮里，很少有运动一下胳膊腿和身子的机会。当婴儿啼哭时，四肢不断地挥动，就好像在做体操运动。

在婴儿还不会翻身的时候，哭就是婴儿的呼吸运动。当宝宝用力吸气时，胸腔立即扩大，肺叶也跟着张开，空气被大量吸进肺里；吸气完成后，吸气肌肉群放松，而呼气肌肉群跟着收缩紧张，胸廓由扩大缩小到原来大小，迫使肺内的空气呼出肺外。这样反复多次的锻炼，就能促进血液循环，促使新生儿肺部和胸廓的生长发育，提高肺活量，改善心肺功能，提高消化功能。

同时，婴儿高亢的啼哭声，不但反映婴儿的健壮，也是对口才和歌喉的早期培养。婴儿啼哭,等于让宝宝敞开心扉,向刚刚来到的世界问好,为更好的明天高歌。婴儿的笑声让父母心花怒放,但是婴儿的啼哭更有益健康,也应该受到奶爸们的关注。

 宝宝健身锻炼四注意

1. 锻炼要从小开始,持之以恒

宝宝初生时对外界环境的刺激还未形成牢固的习惯,在此时,适当地改变外界环境,一般都能逐渐适应。如果要改变一个已经养成的习惯,就比较困难了。例如,从小穿衣过多,冬天不常到户外活动,一遇气候变化,就容易感冒。因此,锻炼要从小开始,持之以恒。

2. 运动量要循序渐进

任何事情都要有一个适应的过程,尤其对小宝宝。如开始时冷热的刺激要小,慢慢增加刺激强度;开始户外活动时,要选择适宜的好天气,户内外温差不能太大,宝宝较易适应。

3. 注意宝宝的个体特点,不能太教条主义

许多书中介绍的锻炼方法是适应大多数宝宝的,但是自己的宝宝是否适合,如何去适应,则要具体分析,尤其是体弱的宝宝更应特别注意。同时,还要结合当地的条件进行锻炼,必要时可以请专业保健人员或儿科医生参与指导。奶爸要知道,真的不能接受锻炼的宝宝是极

● 可以和宝宝一起接受专业的健身指导

少数的,这些宝宝可能有先天或后天获得性疾病。

4. 锻炼要同合理的日常生活配合

锻炼体格要与正确的喂养、护理和卫生习惯相结合。锻炼虽然可以增强宝宝的体质,增强抵抗力,但如果不注意宝宝的生活规律、营养以及正确的护理等,也会带来不良的影响,所以锻炼应与日常的生活结合起来,效果更好。

附录一：宝宝生长发育监测

表1 0～1岁宝宝生长发育量表

月龄/性别		体重（千克）	身高（厘米）	头围（厘米）	胸围（厘米）	发育特点
初生	男	2.9～3.8	48.2～52.8	31.8～36.3	30.9～36.1	皮肤红红的、凉凉的，头发湿湿地贴着头皮，小手握得很紧，哭声响亮，头部相对较大。吃完奶后，常常会出现吐奶
	女	2.7～3.6	47.7～52.0	30.9～36.1	29.3～35.0	
1个月	男	3.6～5.0	52.1～57.0	35.4～45.2	33.7～40.2	宝宝开始有规律地吃奶，生长发育速度非常快，宝宝进入第四周，运动能力有很大的发展。圆鼓鼓的小脸，粉嫩的皮肤
	女	3.4～4.5	51.2～55.8	34.7～39.5	32.9～40.1	
2个月	男	4.3～6.0	55.5～60.7	37.0～42.2	36.2～43.4	日常生活开始规律化，也形成了固定的吃奶时间。此时，家长要定时给宝宝做抚触和被动操，经常抱宝宝到户外活动
	女	4.0～5.4	54.4～59.2	36.2～41.0	35.1～42.3	
3个月	男	5.0～6.9	58.5～63.7	38.2～43.4	37.4～45.0	日常生活更有规律，做操基本可以很好配合
	女	4.7～6.2	57.1～59.5	37.4～42.0	36.5～42.7	
4个月	男	5.7～7.6	61.0～66.4	39.6～44.4	38.3～46.3	头围和胸围大致相等，比出生时升高10厘米以上，体重为出生时的2倍左右。俯卧时宝宝上身可以完全抬起，与床垂直；腿能抬高踢去衣被和吊起的玩具
	女	5.3～6.9	59.4～64.5	38.5～46.3	37.3～44.9	
5个月	男	6.3～8.2	62.3～68.6	40.4～45.2	39.2～46.8	在饮食方面，可以开始为断奶做准备；在亲子互动方面，宝宝能够认识妈妈以及亲近的人并给他们回应
	女	5.8～7.5	61.5～66.7	39.4～44.2	38.1～45.7	
6个月	男	6.9～8.8	65.1～70.5	41.3～46.5	39.7～48.1	体格进一步发育，神经系统日趋成熟，宝宝开始长乳牙了，在喂养方面，可以添加肉泥、猪肝泥等辅食
	女	6.3～8.1	63.3～68.6	40.4～45.2	38.9～46.9	

（续表）

月龄/性别		体重（千克）	身高（厘米）	头围（厘米）	胸围（厘米）	发育特点
7个月	男	7.4～9.3	66.7～72.1	42.0～47.0	40.7～49.1	宝宝头部的生长发育速度减慢，腿部和躯干生长速度加快，行动姿势也会发生很大变化。随着肌肉张力的改善，宝宝的姿势变得更加直立
	女	6.8～8.6	64.8～70.2	40.7～46.0	39.7～47.7	
8个月	男	7.8～9.8	68.3～73.6	42.4～47.6	40.7～49.1	宝宝在8个月渐渐向儿童期过渡，此时的营养非常重要，否则会影响成年身高。一般能爬行了
	女	7.2～9.1	66.4～71.8	41.2～46.3	39.7～47.7	
9个月	男	8.2～10.2	69.7～75.0	43.0～48.0	41.6～49.6	头部的生长发育速度减慢，腿部和躯干生长速度加快，行动姿势也会发生很大变化。随着肌肉张力的改善，将形成更高、更瘦、更强壮的外表
	女	7.6～9.5	67.7～73.2	42.1～46.9	40.4～48.4	
10个月	男	8.6～10.6	71.0～76.3	43.8～49.0	41.6～49.6	不要强迫宝宝吃不喜欢的食物，渐渐将辅食变为主食。此时，宝宝的动作变得越来越敏捷，能很快地将身体转向发出声音的地方，并可以爬着走
	女	7.9～9.9	69.0～74.5	42.1～46.9	40.4～48.4	
11个月	男	8.9～11.0	76.2～77.6	43.7～48.9	42.2～50.2	此阶段宝宝的辅食开始变成主食，应该保证宝宝摄入充足的动物蛋白，辅食要少放盐、糖。还要开始帮助宝宝克服怕生现象
	女	8.2～10.3	70.3～75.8	42.6～47.8	41.1～49.1	
1岁	男	9.1～11.3	73.4～78.8	43.7～48.9	42.2～50.2	宝宝刚刚断奶或者还没有完全断奶，度过了婴儿期，进入了幼儿期。幼儿无论在体格和神经发育上还是在心理和智能发育上，都出现了新的发展

附录二：0～1岁宝宝行为能力发育标准

表2 运动机能的发育

月龄	运动机能发育的表现
1个月	俯卧时能将下巴抬起一会儿，将头转向一侧；醒来时显得非常活跃，会慢慢地转动头部，伸胳膊，蹬腿，能蠕动身体。宝宝出生6周内，手总捏成拳头
2个月	俯卧时能把头稍稍抬起，直着抱的时候头已经能短暂竖起，仰卧时身体会随意运动，已经会吸吮手指。宝宝张开手的时间多了，会表现出有意识的运动，代替了抓握反射
3个月	此时直抱宝宝，他的头已经居中稳定，能随意转动。俯卧时能抬头，能靠手脚运动转动身体。仰卧时可举起手脚。手可张开，会随意抓握或放在胸前，开始意识到自己的手
4个月	宝宝的头部已经能够稳定居中，并且能够灵活转动，俯卧的时候能够用手撑起头和胸部，已经会翻身，能够比较灵活地变动姿势；扶着他能坐稳。宝宝会用手抓碰到东西，而且能扶着奶瓶自己吃奶
5个月	宝宝能够靠着坐稳，俯卧时在前臂的支撑下能将胸抬起。手和眼渐渐协调，伸手抓东西会慢慢准确，能拍、摇、敲玩具，可以同时拿两个东西
6个月	宝宝会用手支着坐起来，靠着能坐稳，扶着他的腋下能站会跳跃。宝宝已经可以用两只手交换玩具，抓起玩具会自动摇敲。如果有一块布蒙在他脸上，他会熟练地把布拿掉
7个月	宝宝已经能长时间地靠着坐，不用家长扶着也不会摇晃、前倾。会自己坐起来，躺下去。抓取物品更准确，会用拇指和其他手指捏取小东西
8个月	爬行能力越来越进步，从匍匐前行到四肢能撑起躯干灵活爬行；会朝自己看中的目标爬去并摇晃它。活动范围扩大至整个房间。能把东西递给他人，但还没有学会怎样松手
9个月	宝宝可以在父母的帮助下站立片刻，能够用拇指、食指抓取小东西，两手握着物品玩耍，喜欢把手中的物件放入盒内或从盒里取出
10个月	身体动作变得越来越敏捷。能很快地将身体转向有声音的地方，并可爬着走。坐着时不会失去平衡，能左右摇晃和转身，扶着家具站稳。穿衣时会主动地伸手，穿鞋袜时会伸脚
11个月	手指动作更加灵活。能扶着东西站起来，寻找可以玩的东西。能单独站立片刻
12个月	宝宝扶着一只手能往前走一小段距离，不要别人帮助能从站立的位置坐下，能坐着转身。可以用拇指尖与食指尖抓起很小的物体。宝宝可以把物体从一只手放到另一只手，两只手可以同时各拿一件物品。用勺子吃东西时仍然需要帮助

表3 语言能力的发育

月龄	语言理解能力的发育	语言表达能力的发育	语言发育的规律
1~2个月的宝宝	对声音以惊奇的表情做出反应，能注意讲话人的脸，听到父母的说话声表现愉快，对大的声音做出惊吓和注视反应，引逗时能微笑	会轻轻发声，会发"咕咕""咯咯""啊啊""喔喔"的音，并能发出尖叫声	从哭声、吸吮、吞咽动作中演变而发出一些声音，特别是他们在吃饱、睡足处于舒适状态时发出的声音，呈自然反射性发声，大多是元音，有辅音与唇音出现，偶尔出现双元音
3~4个月的宝宝	对不同声音做出不同的反应，头能转向发声的方向，能追声	会使用两个不同的元音，能"咿咿呀呀"地反复发声	发声发音的数量和频率增多，辅音增加，出现了舌尖音和唇齿音
5~6个月的宝宝	听到叫自己名字时能做出一定的反应，会以不同的声音表达不同的感受，对大人的讲话以发声作为回答	能发出辅音与元音的组合，如"ba""ma""pa"，可模仿发出连续的单音节及唇音	发音数量继续增加，并出现了辅音的重复，已能模仿出单音节的发声
7~8个月的宝宝	能安静地注意听人讲话或注视物体，听到"妈妈"的词语时能把头转向妈妈，听到"再见"时会摆摆手，已显现出初步的语言理解能力	模仿言语，学会调节与控制发音，会发出多种有节奏的重复同一音节的声音，如说"ma—ma—ma""ba—ba—ba"等重复音节，能有意识地"对话"	发音中辅音发展快，无规则的发音达到高潮
9~10个月的宝宝	对"坐""走""吃""喝"等理解并做出反应，出现交流手势。懂得自己的名字，叫他的名字时有反应，听到熟悉的人称时能转头到处寻找	常无意识地发出一连串重复的连续音节，如"ma—ma—ma""ba—ba—ba"等言语，而且还常常带着一定的声调，模仿语言增多	模仿发音频率达到高峰，并出现模仿语言，模仿说出"爸爸""妈妈"但无所指，有时说出令人难懂的发音
11~12个月的宝宝	渐渐理解常用物品的名称，会伸手表达"要"的意思，向他说"把某物给我"时能理解，会用点头、摇头表示行与不行	能有意识地叫"妈妈""爸爸"，模仿发音越来越多，尽管发音不清楚，但能准确地说出几个单字	模仿双音节言语继续发展，能说出个别有意义的一个词和一连串重复的字

表4 认知能力的发育

月龄	认知能力发育的表现
1个月	宝宝没有意识到自己出生后就已经是一个独立的人了,尤其是和母亲,他认为还像十月怀胎时那样是一体的。他希望得到所有需要的东西,你会发现宝宝有时候警觉而主动,有时观察但被动,有时易被激怒。实际上宝宝一天有6种要循环几次的知觉状态,即深睡眠、浅睡眠、嗜睡、平静而警觉、活泼而警觉、哭泣
2个月	追踪红色玩具。当你吻他或者其他人挠他痒痒时,他会对你们微笑。他还会记住哪些玩具是喜欢的,哪些玩具踢一踢就能发出声音。6周左右的时候,宝宝能发出生平的第一个元音"喔"或"啊",而且跟大人交谈时会更加兴奋
3个月	宝宝会和熟悉的所有人玩,包括父母、兄弟姐妹等,甚至会对任何人微笑。他还时不时地来点小幽默,而且还会试着学你说话,并乐在其中
4个月	能看着一个球从桌子这头滚到那头。能够立刻发现白纸上的一粒红色扣子或小丸。听胎教时听过的音乐会微笑入睡。对爸爸妈妈及照料自己的人很亲热
5个月	听到物体名称时会找到目标。听到东西掉到地上的声音会看地面去找
6个月	对周围事物的兴趣已经很浓厚,抱到户外时经常天上地下看个不停
7个月	正在玩的玩具被人拿走会尖叫乱动表示反抗,能够试图寻找刚刚隐藏的东西,能够取出部分暴露、部分覆盖着的奶瓶,会用手指或用眼睛看3种大人说的物品所在的方向
8个月	听到大人说一个身体部位会做出相应的表示,如听到"眼"就挤眼等,能找到藏住大半的玩具,能听指令把物品给两个熟悉的人
9个月	会发出嘎嘎的笑声,会模仿动物叫声;对外界声音表示关心(注意或转向声源),开始理解"不行"等否定性命令,对"抱抱"等熟悉的语句也能做出相应的反应
10个月	能认识4处身体部位,并能细化手部的名称,如大拇指等。宝宝知道"我"的意思,会运用"我"字。宝宝能正确区分大小、多少、高低、长短
11个月	能按大人的吩咐找出3张图片,喜欢模仿大人和自己的玩具娃娃玩"过家家"
12个月	具备了由意识支配行动的本领,能找回椅子后面的玩具,能设法抓取自己够不到的玩具

注:认知能力指的是宝宝获得知识和利用知识的能力。宝宝的认知能力是在训练中得到强化和巩固的,关键是要多接触周围事物,多活动,这样在不知不觉中,宝宝就变得聪明多了。

表5　思维能力的发育

时间段	思维能力发育的表现
3个月	3个半月大的宝宝已具有思维，宝宝从很小的时候就可以通过观察来判断事物的可能性和不可能性。而且宝宝存在意识，如宝宝看到了某种物体并在脑中留有印象，物体从眼前消失了，但物体的影像依然保留在他们的意识当中
4个月	宝宝已经有了初步的思维能力，当他想要表达自己的某种需要时，会考虑采用一种方法或手段。当宝宝想拿床边放着的食物而够不着时，会用哭来寻求大人的帮助
5个月	宝宝表现出强烈的模仿愿望和兴趣，宝宝听见大人嘴里常说"爸爸、妈妈"，虽然他并不理解这是什么意思，他也会模仿着发出"ba—ba，ma—ma"的音
6个月	宝宝记忆力进一步发展，对于经常照顾自己的人，隔一周不见面，仍然会认识
7个月	宝宝的记忆力有了明显的进步，能够记住父母经常说的话或做的动作，注意力比前几个月持续的时间更长了，尤其是对于自己感兴趣的东西的注意力会更集中。如果给他一个新鲜的玩具，宝宝会自己拿着这个玩具很专注地玩上一小会儿。宝宝会通过一些小探索和尝试来发现一些问题。如在家长的指导下尝试着盖上盖子的办法
8个月	当从宝宝处拿走东西时，会遭到强烈的反抗；在宝宝面前出示两件物品，宝宝会对不想要的物品做出推开的表示；被责骂时宝宝会哭；此时的宝宝感觉能力有了进一步的发展，但由于言语和思维发展还处于较低的水平，主要还是依靠感知觉来认识事物
9个月	喜欢和大人玩游戏，喜欢听大人对他的言语、行动表示称赞和喝彩。有时宝宝会对物体的不同形状构造发生兴趣而对物体进行仔细观察。注意力有所提高，可集中注意15～20秒；能记住自己的名字，听到有人叫自己的名字会回头
10个月	宝宝能记住和分辨大部分亲人，并且知道他们的称呼。这时候的宝宝还能模仿看到的简单动作，模仿听到的简单声音。宝宝的思维也有了一定的发展，认知能力有所提高。能用手指出自己的身体部位，对于常见的图片，能按名称找出相应的图片来
11个月	宝宝认识的事物更多了，明白家中电器的作用，认识家中的挂钟、冰箱、热水器，有的宝宝还打响嘴，说简单的话更加流利。会察言观色，知道逗妈妈开心
12个月	宝宝会记得不在眼前的物体，而且能够准确认识物体所在的方向。宝宝学会搭2～3块积木，学会翻图画书的书页。宝宝对图画书上面的彩色图画很感兴趣。喜欢用笔在书上、墙壁上和衣服上乱涂乱画。宝宝会用手指和东西戳洞，更具探索性和好奇心

表6 视觉能力的发育

时间段	视觉能力发育的表现
1个月	宝宝的注视距离为15～25厘米，太远或太近虽然能看到但看不清楚，当宝宝看到熟悉的或者自己喜欢的人或者物体时就会表现出兴奋，眼睛也会发亮
2个月	宝宝的眼睛很喜欢追随移动的物体，喜欢把头转向灯光和有亮光的窗户，喜欢看鲜艳的颜色。有些斜视的宝宝，满2个月时一般都能自行矫正过来
3个月	宝宝仰卧，当物体刚越过脚时，他便会立刻注意去看；宝宝的眼睛跟随并注视物体，让宝宝仰卧，头偏向一侧，当玩具从一侧进入宝宝视线时，会引起宝宝注意
4个月	开始对颜色产生了分辨能力，对黄色、红色最为敏感，见到这两种颜色的玩具很快能产生反应，对其他颜色的反应要慢一些
5个月	宝宝观察周围环境的兴趣进一步提高，只要双手能够摸到的物体，都会伸手去够；只要是眼睛能够看到的地方，都会仔细看。能两眼注视一些小的东西
6个月	宝宝已经能够分辨人物的细微差别了，能清晰分辨爸爸和妈妈、生人和熟人。视野在逐渐扩大，可辨认比以前更多的颜色，包括红、黄、蓝、绿等7种颜色。不过，宝宝仍然比较偏爱红色。宝宝已经能够辨认一些玩具和日用品了，如奶瓶、小勺、玩具狗等
7个月	宝宝的视力已经接近成人了，视神经也充分发育了，视觉范围越来越广了，视线能随移动的物体上下左右移动，能追随落下的物体，并能辨别物体大小、形状及移动的速度，能看到小物体，能开始区别物体简单的形状的不同。开始害怕边缘和高处
8个月	视觉的清晰度和深度已经基本上和大人一样了。他的视力已足以辨认房间另一边的人和物体了。这时宝宝眼睛的颜色很可能也基本固定了
9个月	宝宝懂得常见人及物的名称，会用眼注视所说的人或物，能准确地观察大人们的行为
10个月	将宝宝带到动物园或给一本动物图画书，宝宝能够准确地找出对应的动物，能够观察出各种动物的特点，如小白兔的耳朵长、大象的鼻子长等
11个月	宝宝见到爸爸和妈妈时，能主动称呼"爸爸"和"妈妈"，能发现并找到大人所说的东西，当妈妈问"灯在哪里"时，宝宝会用目光找或用手指示，以表明他认识灯
12个月	宝宝对自己感兴趣却不能碰触到的事物会产生极大的兴趣，会总是观察，会在大人到来时带着大人去看

表 7 听觉能力的发育

时间段	听觉能力发育的表现
2个月	宝宝最早能分清的是妈妈的声音,正在哭闹的宝宝一听到妈妈的声音,可能暂时止哭,显出专心的神态,如果妈妈声音一停,便又哭闹起来。有的宝宝听到风琴声、唱片音乐就会止哭静听,宝宝还不能辨别复杂的声音,但是宝宝听到噪声会皱眉、烦躁不安;优美舒缓的音乐会使宝宝安静,还会把头转向音乐方向
3个月	宝宝的听觉能力逐步提高,在听到声音后,头能转向声音发出的方向,并表现出极大的兴趣。当成人与他说话时,他会发出声音来表示应答。宝宝能够静静地听音乐,并能区分音色,更喜欢优美抒情的音乐,能够区分男声和女声
4个月	已具有一定的辨别方向的能力,听到声音后,头能顺着响声转动180°
5个月	已经能够集中注意力倾听音乐,并且对柔和的音乐声表现出愉悦的情绪,会随着音乐的旋律摇晃身体,虽然不能与旋律完全吻合,但已经有节奏感了
6个月	能分辨出自己的声音,还能变换声调。宝宝的听觉与反应也具有了连贯性,宝宝听到一个声音在他的左耳上方出现时,在将头转向左侧的同时就抬起头
7个月	宝宝已经能够听懂一些音节,能够对"不"有反应,当听到"不"或"不动"的声音时,能暂时停一下手里的活动,稍后会继续做自己的事。宝宝能够听懂自己的名字,当妈妈叫宝宝名字时,宝宝会有反应,这是宝宝能够分辨自己名字的表现
8个月	宝宝在发音能力上,能够发出类似"妈妈"的音,但是此时仍旧是无意识地叫。宝宝听到自己熟悉的音乐时,能够跟着哼唱,并肯定其发音与音乐有关
9个月	喜欢双手拿东西敲打出声,能听懂日常指令。有的宝宝对陌生人及其声音害怕
10个月	此时宝宝可以分辨父母及家里其他人的脚步声和说话声了。当门外有脚步声响起时,可以一起玩个"猜猜他是谁"的游戏
11个月	在听了一段音乐之后,能够模仿其中的一些;在听了动物的叫声之后,也可以模仿动物的叫声
12个月	虽然还不会说几句话,但是却能听懂许多话的意思。宝宝就是靠听妈妈爸爸和周围人的说话,靠观察父母说话时的口型,靠妈妈日常和宝宝说话来学习语言的

附录三：0～1岁宝宝体检对照表

表8 0～1岁宝宝体检对照表

体检次数和体检时间		宝宝体格发育特点
第1次体检 宝宝出生后42天进行	视力	能注视较大的物体，双眼很容易追随手电筒光单方向运动
	肢体	小胳膊、小腿总是喜欢呈屈曲状态，两只小手握着拳
	微量元素	宝宝6个月以内，每日需要钙600毫克，而其从母乳或奶粉中只能摄取到300毫克
	维生素	宝宝从出生后第21天就可开始服用维生素AD制剂，早产儿要提前到出生14天左右，宝宝出生后就可以抱出去晒太阳，以促进钙的吸收
第2次体检 宝宝满3个月时进行	动作发育	能支撑住自己的头部。俯卧时，能把头抬起并和肩胛呈90度。扶立时两腿能支撑身体
	视力	双眼可追随运动的笔杆，而且头部也随之转动
	听力	听到声音时，会表现出注意倾听的表情，人们和他谈话时会试图转向谈话者
	口腔	唾液腺正在发育，经常有口水流出嘴外
	血液	4个月的宝宝从母体带来的微量元素铁已经消耗掉，如果日常食物不注意铁的摄入，就容易出现贫血。要给宝宝多吃含铁丰富的食品。但一般不需要服用铁制剂药物
	微量元素	继续补钙和维生素D，而且要添加新鲜菜汁、果泥等补充容易缺乏的维生素D
第3次体检 宝宝满6个月时进行	动作发育	已经会翻身、会坐，但还坐不太稳。会伸手拿自己想要的东西，并塞入自己口中，可以做一些拨、拉的动作
	视力	身体能随头和眼转动，对鲜艳的目标和玩具，可注视约半分钟。需要进行眼科检查
	认知	对人有了分辨的能力，开始出现"认生"的现象，并有分离焦虑
	听力	注意并环视寻找新的声音来源，能转向发出声音的地方
	牙齿	6个月的宝宝有些可能长了两颗牙齿，有些还没长牙，要多给宝宝一些稍硬的固体食物，促进牙齿生长。由于出牙的刺激，唾液分泌增多，流口水现象会继续并加重，有些宝宝会出现咬乳头现象
	血液	6个月后，由母体得来的造血物质基本用尽。若补充不及时，易发生贫血。对贫血问题应尽早发现，早解决
	骨骼	6个月以后的宝宝，对钙的需求量越来越大。缺钙会造成夜间睡眠不稳、多汗、枕秃等

（续表）

体检次数和体检时间		宝宝体格发育特点
第4次体检宝宝满9个月进行	动作发育	能够坐得很稳，能由卧位坐起而后再躺下，能够灵活地前后爬，扶着栏杆能站立。双手会灵活地敲积木。拇指和食指能协调地拿起小物件。能够对一些简单用语做出对应动作，如听到"再见"就摇手等
	视力	注视画面上单一的线条，视力约0.1
	认知	能听懂简单字词，知道自己的名字，模仿发音节词，有了物质永恒的概念，会找出当面隐藏起来的玩具，能再认几天至几十天前的事物
	牙齿	宝宝乳牙的萌出时间，大部分在6～10个月，宝宝乳牙颗数的计算公式：月龄减去4～6。此时要注意保护牙齿
	骨骼	每天带宝宝外出进行户外活动，促使皮肤制造维生素D，同时还应继续服用钙片和维生素AD制剂
	微量元素	检查宝宝体内的维生素含量，此时易缺钙、锌。缺锌的宝宝一般食欲不好，免疫力低下，易生病
第5次体检宝宝满1周岁时	动作发育	这时宝宝能自己站起来，能扶着东西行走，能手足并用爬台阶。能用蜡笔在纸上戳出点点或道道
	视力	拿着父母的手指指鼻、头发或眼睛，大多会抚弄玩具或注视近物，会用棍子够玩具
	认知	初步建立时间、空间因果关系。如看见奶瓶会等待吃奶，看见妈妈倒水入盆会等待洗澡，喜欢扔东西让大人捡。穿衣时已能简单配合。喜欢探究一些新鲜的东西，如有洞的、能发声的物品，易出现意外伤害
	听力	喊他（她）时能转身或抬头
	牙齿	按公式计算，应出4～6颗牙齿。乳牙萌出时间最晚不应超过1周岁。如果宝宝出牙过晚或出牙顺序颠倒，就要寻找原因

附录四：宝宝预防接种（计划免疫）安排表

表9 0～1岁宝宝预防接种安排表

预防病名	结核病	乙型肝炎	脊髓灰质炎	百日咳、白喉、破伤风	麻疹
接种疫苗	卡介苗	乙肝疫苗	脊髓灰质炎减毒活疫苗糖丸	百日咳菌液、白喉类毒素和破伤风类毒素的混合制剂	麻疹减毒活疫苗
接种方式	皮内注射	肌内注射	口服	皮下注射	皮下注射
接种部位	左上臂三角肌上缘	上臂三角肌	/	上臂外侧	上臂外侧
初种次数	1	3	3（间隔一个月）	3（间隔4～6个月）	1
每次剂量	0.1毫升	5	每次1丸三型混合糖丸疫苗	0.2～0.5毫升	0.2毫升
初种年龄	出生后2～3天至2个月内	第一次出生后24小时内 第二次1个月 第三次6个月	2个月以上 第一次2个月 第二次3个月 第三次4个月	3个月以上 第一次3个月 第二次4个月 第三次5个月	8个月以上
复种	接种后于7岁、12岁进行复查，结核菌素阴性时加种	周岁时复查免疫成功者，3～5年加强失败者，重复基础免疫	4岁时加强口服三型混合糖丸疫苗	1.5岁～2岁、7岁各加强1次，用吸附白破二联类毒素	7岁时加强1次

(续表)

预防病名	结核病	乙型肝炎	脊髓灰质炎	百日咳、白喉、破伤风	麻疹
反应情况	接种后4～6周局部有小溃疡，应保护创口不受感染，个别腋下或锁骨上淋巴结肿大或化脓	一般无反应，个别出现局部轻度红肿、疼痛症状，很快消失	一般无特殊反应，有时有低热或轻泻	一般无反应，个别有轻度发热，局部红肿、疼痛、发痒症状，有硬块时会很快吸收	部分婴儿接种后9～12天有发热及卡他症状，一般持续2～3天，也有部分婴儿出现散在皮疹或麻疹黏膜斑
处理	化脓用干针筒抽出脓液，破溃涂5%异烟肼软膏或20%PAS软膏			多饮水	
注意事项	2个月以上的婴儿接种前应做结核菌素实验（1∶2000），结果阴性才能接种	如出生超过48小时后注射，应先进行乙肝病毒筛查，检测指标中有1项及以上阳性者，不予接种	冷开水送服或含服，服后1小时内禁饮热开水	掌握间隔期，避免无效注射	接种前1个月及接种后2周避免用胎盘球蛋白、丙种球蛋白制剂

参考文献

1. 刘筱英. 如何养育新生宝宝. 长沙：湖南人民出版社，2010.
2. 赵向荣，胡丽，等. 初为人母. 海口：南方出版社，2012.
3. 裴胜. 0—3岁育儿实用大百科. 长春：吉林科学技术出版社，2014.
4. 邵国琼，刘筱英. 谁在危害孩子健康. 长沙：湖南人民出版社，2009.